十二五"水体污染与治理"科技重大专项支持
供水管网漏损监控设备研制及产业化

分区定量管理理论与实践
（第二版）

北京埃德尔公司　主编

中国建筑工业出版社

图书在版编目（CIP）数据

分区定量管理理论与实践/北京埃德尔公司主编.
2版. —北京：中国建筑工业出版社，2015.7
ISBN 978-7-112-18363-0

Ⅰ.①分… Ⅱ.①北… Ⅲ.①给水管道-管网-研究
Ⅳ.①TU991.33

中国版本图书馆 CIP 数据核字（2015）第 183936 号

十二五"水体污染与治理"科技重大专项支持
供水管网漏损监控设备研制及产业化
分区定量管理理论与实践
（第二版）
北京埃德尔公司　主编

＊

中国建筑工业出版社出版、发行（北京西郊百万庄）
各地新华书店、建筑书店经销
北京科地亚盟排版公司制版
北京同文印刷有限责任公司印刷

＊

开本：850×1168毫米　1/32　印张：7　字数：187千字
2015 年 8 月第二版　　2015年12月第三次印刷
定价：**22.00**元
ISBN 978 - 7 - 112 - 18363 - 0
（27610）

本书系统阐述了分区定量的基础理论、实施方法、管理与考核要点等，以及分区计量与其他漏损控制方法的关系。在第一版的基础上，作者认真总结了国内外的许多新案例，并且注重结合我国供水行业的实际，广泛听取了相关专家和从业人员的意见，形成了对于分区计量理论的全面解读。DMA定量管理是一个趋势，也是保障安全供水，低碳环保供水，持续稳定发展的技术和管理举措。希望本书的出版可以给广大市政给排水行政管理部门和自来水企业提供参考。

　　责任编辑：郦锁林　王华月
　　责任校对：张　颖　关　健

编写委员会

再版说明

《分区定量管理理论与实践》一书于 2014 年 1 月发行了第一版，出版后得到了业内人士的充分肯定，同时也提出了对本书的修改意见和建议，在此表示感谢。根据反馈意见，本书主要进行了以下几方面内容的修改：

1. 调整了编写委员会名单；

2. 更正了一些术语；

3. 根据读者的反馈意见，对一些表述做了修正；

4. 在附录中增加了"关于供水总公司层面的分区计量管理建设"一文；

5. 补充了国内案例的最新情况。

序

在中国很多地方，水资源非常匮乏，节约水资源、保护水环境已成为社会共识，减少城镇供水系统的泄漏，是全国供水行业落实节约水资源的重要措施之一。加强水损失管理对提高供水管网效率、保护环境和社会可持续发展，具有非常重要的意义。

DMA（District Metered Area），即分区计量，是城镇供水系统控制漏损非常有效的手段之一。该方法是通过建立一个常设的泄漏控制系统，把供水管网分隔成为一定数量的区域，以便对每一个区域的泄漏定量，这样就可以始终把检漏重点放在泄漏最严重的区域。对流入每个分区的流量进行在线监测，一旦泄漏超过限定水平，这样检漏人员就可以较为准确、及时地发现新的漏点。实施供水管网分区定量管理的目的在于科学、及时地进行管网管理，定量控制漏损，降低产销差，提高经济效益，实现低碳环保，提高科学管理水平。在 DMA 实施过程中应用物联网技术，通过使用探测、检测、监测和控制技术，对管网进行智能化识别、定位、跟踪和监管，从而实现"信息采集、信息传输、信息分析、信息应用"，做到"常态"漏损监控、爆管，达到四预，即预防、预报、预警、预处置的目的，改变原来总是事故后处置的被动局面，以保障安全运营。

城镇供水管网分区计量在国外起步较早，早在 20 世纪 80 年代，英国伦敦的供水管网分成 16 个区，日本东京的供水管网化分成 50 多个区。在国内起步相对较晚，自 21 世纪初开始，一些供水公司，比如天津、上海等地，通过学习国外的经验，开始在国内积极探索供水管网的分区计量，并大胆地进行了一些尝试。特别是最近几年，DMA 在国内许多供水公司进行了系统化实施，诸如北京、南昌、天津、绍兴、黄石、绵阳、德州、开封、铜陵等。在实施的过程中，积累了一些成功的经验，取得很好的效果。

北京埃德尔公司秉承社会责任，以节约水资源为己任，热心关注供水行业管网检漏工作，积极承担水科技专项任务，极力推进供水管网检漏设备国产化，成功研发制造国产系列化的管网检漏仪器仪表。该公司主动与科研、设计、供水企业结合，多次组织专业的技术交流，并派员指导供水企业试点，编写DMA分区定量管理的文献，为供水行业降低漏损、节约水资源，做了大量工作。

《分区定量管理理论与实践》系统阐述了分区计量的基础理论、分区计量的实施方法、分区定量管理与考核要点等，以及分区计量与其他漏损控制方法的关系。本书的编写，得到了中国城镇供水排水协会及众多供水公司专家和领导的大力支持，并参考了大量国内外相关文献，认真总结了许多国内外的案例，注重结合我国供水行业的实际，广泛听取了大家的意见，几易其稿。本书凝聚了行业同仁们的智慧，在此，向给予热情关注和支持的各位领导、专家、各供水单位表示诚挚的感谢。

总之，DMA定量管理是一个趋势，也是保障安全供水、低碳环保供水、持续稳定发展的技术和管理举措，希望本书能为全国供水行业在今后加强供水管网检漏管理方面提供有益帮助，希望本书能起到抛砖引玉的作用，不妥之处请给予指正。

李振东

2013 年 11 月 10 日

目　　录

1 分区定量管理理论综述 ……………………………………………… 1
　1.1 分区定量概念 ……………………………………………………… 1
　1.2 产销差组成理论 …………………………………………………… 1
　1.3 泄漏组成理论 ……………………………………………………… 3
　1.4 夜间最小流量原理 ………………………………………………… 6
2 分区定量系统设计 ………………………………………………… 8
　2.1 分区特点和要求 …………………………………………………… 8
　2.2 分区需要考虑的因素 ……………………………………………… 9
　2.3 建立分区确定边界 ………………………………………………… 9
　2.4 分区大小与经济性 ……………………………………………… 13
　2.5 间歇供水的分区计量 …………………………………………… 14
　2.6 分区对水质影响 ………………………………………………… 15
　2.7 分区内压力、流量和泄漏量的关系 …………………………… 15
　2.8 分区密闭性测试 ………………………………………………… 17
3 分区定量系统的实施 …………………………………………… 19
　3.1 实施分区计量总体思路 ………………………………………… 19
　3.2 分区定量水损监控管理系统 …………………………………… 20
　3.3 监测设备的选择 ………………………………………………… 23
　　3.3.1 多功能漏损监测仪 ………………………………………… 24
　　3.3.2 远传流量计 ………………………………………………… 26
　　3.3.3 远传水表 …………………………………………………… 27
　3.4 压力调节阀的选择 ……………………………………………… 29
　3.5 分区边界阀门的选择 …………………………………………… 30
　　3.5.1 阀门的选型 ………………………………………………… 30
　　3.5.2 阀门的性能与测试 ………………………………………… 31
　　3.5.3 阀门的内衬与外防腐 ……………………………………… 32

    3.5.4 阀门的运行管理 ················· 32

4 分区定量系统参数计算 ················ 34

  4.1 分区平均压力估算 ················· 34

  4.2 夜日因子估算 ···················· 35

  4.3 夜间用水量估算 ················· 37

  4.4 夜间最小流量测量 ················· 39

  4.5 背景泄漏计算 ···················· 40

  4.6 日漏水量计算 ···················· 43

5 分区定量系统的运营管理 ·············· 44

  5.1 分区定量系统运营流程 ·············· 44

  5.2 初始设定和日常操作 ··············· 44

  5.3 漏损控制目标设定 ················· 46

  5.4 分区检漏次序确定方法 ·············· 46

    5.4.1 简化方法 ·················· 47

    5.4.2 间歇式供水 ················· 47

    5.4.3 R 值排序法 ················· 48

    5.4.4 间接方法 ·················· 48

    5.4.5 选择方法的改进 ·············· 49

  5.5 流量数据核实确认 ················· 49

  5.6 分区检漏时机的设定 ··············· 50

    5.6.1 干预点设定 ················· 50

    5.6.2 主动检漏时间设定 ············· 50

  5.7 将漏损量排序列入 DMA 管理 ········· 51

  5.8 检漏结果异常分析 ················· 53

    5.8.1 漏水点少、漏水量高 ··········· 53

    5.8.2 漏水量过低 ················· 55

    5.8.3 漏水频率高 ················· 55

    5.8.4 总结 ···················· 56

6 分区定量管理与考核 ················· 57

  6.1 管理结构调整原则 ················· 57

    6.1.1 管理理念 ·················· 57

　　　　6.1.2　管理结构 ·· 58

　　　　6.1.3　结构调整 ·· 59

　　6.2　绩效考核体系 ·· 60

　　　　6.2.1　考核依据 ·· 60

　　　　6.2.2　三率加权 ·· 61

7　术语解释 ··· 63

8　分区定量管理在中国的实践 ··· 65

　　8.1　天津市供水系统分区计量的方法与管理 ················· 65

　　　　8.1.1　制定天津市供水系统计量规划 ····················· 66

　　　　8.1.2　计量仪表的选择 ··· 67

　　　　8.1.3　实施步骤及管理 ··· 69

　　　　8.1.4　计量数据采集与管理 ··································· 70

　　　　8.1.5　结束语 ·· 71

　　8.2　管网区块化理念在上海市奉贤区集约化供水中的

　　　　　实践 ·· 72

　　　　8.2.1　供水管网系统区块化理念 ····························· 72

　　　　8.2.2　国内供水管网系统区块化技术难点和易实施范围探讨 ··· 74

　　　　8.2.3　奉贤自来水管网区块化的实践 ······················· 75

　　　　8.2.4　结语 ··· 77

　　8.3　南昌水司 DMA 管理 ··· 77

　　　　8.3.1　南昌水司简介 ·· 77

　　　　8.3.2　南昌水司 DMA 概况 ··································· 77

　　　　8.3.3　南昌水司已建立的 DMA 片区 ······················ 78

　　　　8.3.4　DMA 案例 ·· 83

　　　　8.3.5　未来两年南昌水业集团 DMA 工作规划 ············ 86

　　8.4　绍兴水司分区计量管理的应用与实践 ··················· 86

　　　　8.4.1　一级区域间计量分区 ··································· 88

　　　　8.4.2　二级区域内 DMA 计量分区 ························· 89

　　　　8.4.3　三级分区计量：小区及支路分区计量 ·············· 91

　　　　8.4.4　今后努力的方向 ··· 93

　　8.5　铜陵首创水务公司分区定量管理 ························· 94

    8.5.1 公司简介 ·· 94

    8.5.2 分区计量举例介绍 ································· 94

    8.5.3 2010 年查漏成果 ································· 99

  8.6 黄石水司区域水量水压监控在查漏降漏中应用的体会
    和思考 ··· 100

    8.6.1 主要做法 ··· 101

    8.6.2 存在的困难和思考 ································· 102

  8.7 分区定量管理在德州的应用 ························· 106

    8.7.1 德州水司 DMA 项目简介 ·················· 106

    8.7.2 分区方案 ··· 107

    8.7.3 多功能漏损监测仪安装要求 ··············· 108

    8.7.4 DMA 分区定量管理降低产销差的后续工作 ··· 111

    8.7.5 新运营模式在德州的开展 ··············· 112

  8.8 DMA 分区定量管理在开封的应用 ·········· 114

    8.8.1 项目目标 ··· 114

    8.8.2 分区方案 ··· 115

    8.8.3 实施方案 ··· 115

    8.8.4 合作结算模式 ····································· 117

    8.8.5 经济效益分析 ····································· 117

    8.8.6 工作成果 ··· 118

  8.9 绵阳 DMA 分区定量管理 ························· 120

    8.9.1 绵阳市供水管网现状及 DMA 初步规划 ······ 120

    8.9.2 绵阳市供水管网 DMA 规划的调整及示范区实施
      方案 ··· 120

    8.9.3 南河片区 DMA 管理实施步骤 ··········· 122

9 分区计量在国外施行成功案例 ················· 129

  9.1 美国，加利福尼亚，荣多拉灌溉区 ··········· 129

    9.1.1 项目概述 ··· 129

    9.1.2 方案设计 ··· 130

    9.1.3 DMA 的应用 ····································· 133

  9.2 塞浦路斯，莱梅索斯水董事会 ················· 133

　　　9.2.1　项目概述 ···································· 133
　　　9.2.2　方案设计 ···································· 136
　　　9.2.3　其他方面 ···································· 142
　　9.3　英国，威尔士，班戈市，Dwr—库姆里威尔士水务
　　　　　公司 ·· 143
　　　9.3.1　项目概述 ···································· 143
　　　9.3.2　方案设计 ···································· 144
　　　9.3.3　DMA 的应用 ································· 146
　　　9.3.4　其他方面 ···································· 148
　　9.4　马来西亚，柔佛 ······························· 148
　　　9.4.1　项目概述 ···································· 148
　　　9.4.2　方案设计 ···································· 149
　　　9.4.3　DMA 的应用 ································· 151
　　9.5　哈利法克斯区域水资源委员会 ·················· 152
　　　9.5.1　项目概述 ···································· 152
　　　9.5.2　方案设计 ···································· 154
　　　9.5.3　DMA 的应用 ································· 158
　　　9.5.4　其他方面 ···································· 160
　　9.6　在印度尼西亚雅加达降低漏水水平 ··············· 160
附录 A　关于供水总公司层面的分区计量管理建设 ········· 174
附录 B　分区计量与生产调度系统 ····················· 178
附录 C　分区计量与地理信息系统 ····················· 183
附录 D　分区计量与压力管理 ························· 186
附录 E　分区计量与水力模型 ························· 190
附录 F　分区计量与水质监测 ························· 198
附录 G　分区计量与营收管理 ························· 201
附录 H　分区计量与表务管理 ························· 204
附录 I　分区计量与行政区块化 ······················· 207
参考文献 ·· 211

1 分区定量管理理论综述

1.1 分区定量概念

泄漏监测技术要求在整个供水系统中的关键部位安装监测设备，每一个监测设备记录进入某一个区域的流量，这样的区域具有指定的永久边界，称作可计量区（DMA）。

DMA 定量管理最关键的原理是在一个圈定的区域利用流量来确定泄漏水平。DMA 建立后，根据各区域的泄漏水平，来决定优先检测哪些区域。通过监测 DMA 的流量可以识别是否有新的漏点。泄漏随时都会发生，但一开始就能发现的话，可以大幅减少漏水量，如果没有实时泄漏监控，泄漏会越来越大。DMA 是减少和维持供水管网泄漏水平的技术方法，即分区计量是管网分区定量管理的关键管理方法。

DMA 管理的关键是通过正确分析流量数据，确定是否有超量泄漏和新的漏点。

实际的损失是 DMA 区域系统供水量和用户消费量（扣除计量误差）之间的差值，它包括泄漏（管网中）和溢流（蓄水池）。

传统上，实际损失以体积计量，每年统计一次，因此这种方法可能几个月才能感觉到明显变化，无法实现对泄漏的精细化控制。

泄漏程度可以通过管网 24 小时流量形态来评定。流量最小值和最大值之间的波动，很可能就是管网泄漏的信号，特别是对于没有夜间工业用水的管网。不过这种方法不能直接定量泄漏水平。

1.2 产销差组成理论

根据国际水协水量平衡表的分类，产销差的详细组成见表 1-1：

国际水协的水量平衡表 表 1-1

系统供水总量	水公司外卖净水	系统有效供水量	售水量	计量售水量	售水量
				未计量售水量	
			免费供水量	计量免费供水量	
				未计量免费供水量	
	水公司自身系统供水	系统漏水量	账面漏水量	非法用水(偷盗,欺诈)	产销差水量(NRW)
				表计量误差	
			管网漏水量/物理漏水量	输水管及干管漏水量	
				水池/水塔等渗漏及溢流	
				进户管漏失量	

根据中华人民共和国行业标准《城市供水管网漏损控制及评定标准》(CJJ 92—2002)术语,对产销差做了比较详细的分类,具体见表1-2:

中国行业标准——水量平衡表 表 1-2

供水总量:水厂供出的经计量确定的全部水量	有效供水量:水厂将水供出厂外后,各类用户实际使用到的水量,包括收费的(即售水量)和不收费的(即免费供水量)	售水量:收费供应的水量。包括生产运营用水、公共服务用水、居民家庭用水以及其他计量用水	(计量收费水量)	(售水量)
		免费供水量:实际供应并服务于社会而又无法收取水费的水量。如消防灭火等政府规定减免收费的水量及冲洗在役管道的自用水量	(未收费水量)	(有效供水量)
	管网漏水量:供水总量与有效供水量之差(包括了计量误差,漏损水量和未授权用水)	未授权用水	(计算漏损率)	(2002 年前计算漏损率)
		漏失水量		
		计量误差		

依据表 1-2 可以看出，中国产销差的组成和国际产销差组成基本相同。

产销差水量 ＝ 免费供水量＋物理漏水量＋账面漏水量

根据国内外数据统计，得出结论见图 1-1：

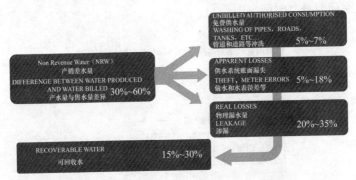

图 1-1　产销差水量组成及其可回收水占比

该结论有利于应用 DMA 管理方法，指导供水行业根据各自的实际情况分析产销差构成，以便采取相应的措施主动地、持续地、稳定地降低漏耗。

1.3　泄漏组成理论

泄漏可认为主要有两部分组成：

（1）背景泄漏是所有泄漏源的集合，其中每一个泄漏源都很小，视觉和声学的方法都检测不到。压力管理对这一部分泄漏有重大影响。（背景泄漏是指在压力 0.5MPa 时流量小于 $0.25\text{m}^3/\text{h}$，它代表现代检测技术实际可检测到的最小值）。

（2）破损泄漏是供水管网破裂造成的漏水，又可分为明漏和暗漏。总的泄漏量受破损定位、识别和修复速度的影响，因此控制漏水时间就可以减少漏水量。

破损泄漏总量 ＝ 破损瞬时流量×破损持续时间

明漏是指相关人员向管理部门报告的漏水，发现此类漏水的一般是用户或公众。暗漏是指如果不进行检测就一直持续的漏水。明漏一般能看到，而每年水损失的最大部分是来自暗漏，因为漏水的时间长。

总的漏水时间可以划分为三个区间，分别称为感知时间、定位时间和修复时间（图 1-2）。

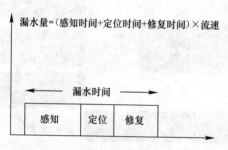

图 1-2　漏水量和时间的关系

（1）感知时间是指从漏水发生到管理部门获知所需时间。

（2）定位时间是指漏点精确定位所需时间。

（3）修复时间是指漏水点精定位后修复所需时间，包括制定计划以及依法向道路管理部门发送通告的时间。

对于明漏，感知时间和定位时间一般较短，因为漏水点要么可以直接看到，要么根据用户提供的信息定位，不需要去检测。

对于暗漏，感知时间取决于泄漏管理的具体操作。没有泄漏管理，水管理部门无法获知漏水发生。如果对管网每年检漏一次，那么平均漏水时间是六个月，另外还得加上修复时间。每年检测次数对漏点发现时间的影响见图 1-3。

定期分析 DMA 的流量，由于缩短了感知时间，也就相应地缩短了漏水时间。因此减少漏失的关键，快速感知漏水。如果每月分析一次 DMA 流量，则获知暗漏的平均时间是 15d。以每月为例，暗漏时间平均为：

（1）感知时间 15d；

（2）定位时间一般 3d；

4

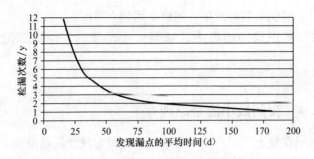

图 1-3　每年检测次数对漏点发现时间的影响

（3）修复时间一般 5d；

（4）总的漏水时间 23d。

需要注意的是，定位时间和修复时间取决于当地的实际操作、人员的配备以及当地道路作业的法规。

图 1-4 显示处理暗漏的重要性。明漏的漏水时间会比暗漏的时间短得多。暗漏的感知时间和定位时间较长，导致漏损更多。

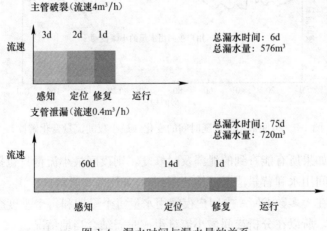

图 1-4　漏水时间与漏水量的关系

因此，通过分析 DMA 的流量，快速发现暗漏，是控制泄漏的关键。分析 DMA 夜间流量的主要任务是：

（1）辨识暗漏的发生，缩短平均漏水时间。

（2）辨识管网的哪个区域需要主动检漏，使资源配置最有效。

1.4 夜间最小流量原理

一般在晚上，用户用水量最低，此时定量泄漏最准确。

DMA 的大小影响泄漏水平的识别。大的 DMA 漏水量和夜间用水量相对较大，一个漏点占最小流量的比例较小，也就是分辨率较低。

夜间用水量受季节影响很小。图 1-5 是典型的 DMA 中夜间最小流量的变化，从图中可以看出明漏和暗漏及其特点。

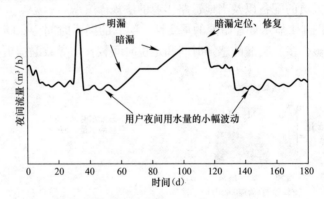

图 1-5 夜间最小流量随时间的变化（最小夜间流量变化解读）

如果所有能查到的泄漏及时修复，则夜间最小流量只包括用户夜间用水和背景泄漏（检测不到），如图 1-6 所示。

在大多数 DMA 中用户夜间用水量每个星期和每个季度会有变化，所以在分析夜间最小流量组成时需结合当地情况。

在用水实行计量的国家，夜间用水量可准确估算，即平均消费量乘以典型的夜日因子。DMA 夜间最小流量减去夜间用水量就得到区域实际漏水量。在没有或很少消费计量的地区，需要估

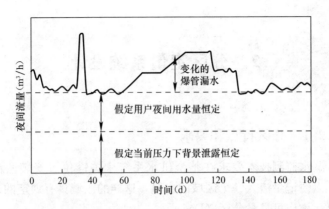

图 1-6　泄漏随时间的变化（DMA 分区内典型最小夜间流量）

算出可靠的夜间用水量。

　　最简单的方法是夜间流量表示为平均流量的百分数。如果这个数值比预先确定的参考值大，就表示需要检漏。不过，这个参考值不同的国家之间差别很大。比如在德国是 5%，美国相当于是 35%。在日本使用的是不同的定性参数，夜间最小流量表示为 $m^3/km/h$。在英国常使用管道连接点密度，$m^3/con/h$。DMA 的管理涉及用现有数值与目标数值作比较，参数的选择应该反映当地的要求和管网的特性。

2 分区定量系统设计

2.1 分区特点和要求

漏水监测技术要求在整个供水系统中关键位置安装监测设备，以便记录流入一个区域的水量，这样的区域具有划定的永久边界，称作可计量分区（DMA）。

（1）漏水监测系统的设计有两个目标：

1）把供水支管分隔成为一定数量的 DMA，进入每一个区域的流量可以得到实时监测，便于识别暗漏的发生，使计算的漏水量更准确。

2）对每一个或一组 DMA 的压力进行管理，使管网在最佳压力水平上运行。

（2）根据管网的特性，单个 DMA 应具备以下特点：

1）最好单路进水；

2）封闭的独立区域；

3）有效的常设漏损管理；

4）使各个 DMA 内泄漏测量的精度最高；

5）方便漏点定位；

6）尽可能减少（最好取消）需要关闭的阀门数目；

7）使现存管网的水力学特性改变最小。

（3）最佳 DMA 设计的关键：

1）区域内高程变化最小；

2）区域边界容易识别；

3）大小适当，与供水量相适应；

4）监测设备的量程和安装位置正确；

5）限制边界阀关闭的数目；

6）限制监测设备的数目；

7）区域划分对管网运行的影响降到最小；

8）优化压力维持对用户的服务标准，减少泄漏。

2.2　分区需要考虑的因素

设计 DMA 时需要考虑的因素：

（1）漏损控制目标及泄漏经济水平；

（2）分区大小（区域面积或用户数）；

（3）住宅类型（成排公寓或独户家居）；

（4）地面高程的变化；

（5）水质影响；

（6）压力要求；

（7）消防能力要求；

（8）用水大户（应计入 DMA 输出）；

（9）基础结构条件。

建立 DMA 最重要的因素是对用户服务水平没有大的影响。这对于现存低压管网来说尤其重要。需要注意的是，通过建立 DMA 减少泄漏的同时会增加管网工作压力。

DMA 边界不一定固定不变，当操作条件改变时，边界也许需要修正。因此在建立边界时最好是关闭阀门而不是截断管道。不过必须注意，这些阀门必须能完全关闭，而且要防止意外打开。

2.3　建立分区确定边界

大型管网分区是精细工作，处理不当就会影响供水，但是如果方法正确，再大再复杂的管网也可以很好分区，全世界大量实例都可以证实。关键是要详尽、透彻地了解现有管网的水力学运行信息。

DMA 管理方案设计的第一步是审查管网基础结构。方案设计是根据每个管网特定的水力学、水质条件和规范来进行。从主管开始向支管扩展。任务是尽可能地把 DMA 与主管隔离开，这样就可以在不影响主管供水弹性的同时改善对 DMA 的控制。初始审查的关键是确定与供水灵活性有关的本地习惯和法定要求，比如消防用水等。

典型 DMA 布局如图 2-1 所示。

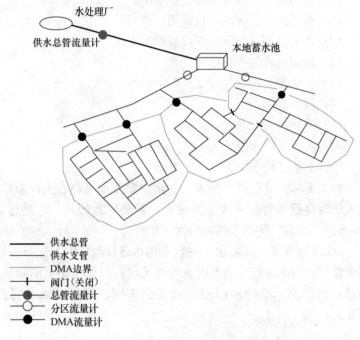

图 2-1 典型的 DMA 构成

在大型复杂管网上引入 DMA 管理使其成为主要水源流量监测总体规划的一部分。在这种情况下，为便于识别管网泄漏的部位，最好先把管网分割为几个较大区域，然后再按优先次序为这些区域建立 DMA。这个初始计划必须要仔细地考虑好边界，因为初始设计对整个项目的成功和长期的运行效率是十分关键的。

事实上，只要有可能，应选择自然边界（江河、溪流、铁路等）以减少需要关闭的阀门数量。不过在复杂管网上，特别是现有压力低时，推荐使用经过标定的水力模型来识别水力学平衡点。这样就有可能在不影响现存管网运行的前提下，通过关闭阀门来建立永久边界。小型城镇和农村地区的供水管网一般容易建立DMA，因而不必先划成几个大区。

（注：把区域划分为同样大小的分区并不重要，现存基础结构和地貌决定最有利的划分方法。）

为了维持供水系统的灵活性，分区中尽可能不包含主管。理想的分区应该是通过关闭边界阀门或者断开边界管道来建立，如果不能这样也可以通过安装监测设备来计量流入和流出的水量。通过使用数学模型模拟，可以优化分区设计，也可以识别管网的哪个部分是否过大或多余，需要通过评估来确定，以免产生水质问题。在许多情况下，有些主管道确实过大或者在现存系统中是多余的，但是事先没有被识别出来，这个往往是由发展规划变更、管网改造或事先缺少水力学分析造成的。

建立分区对于整个DMA管理方案来说非常关键，需要认真优化确保合理，然后再划分DMA就容易多了。这一步的重要性怎样强调都不为过，需要请有经验的工程师来审核，以保证在财务预算范围内实现最佳划分。

建立分区的另一优势是建立DMA的工作可以在各个分区内分别开展，设计人员可以配置到不同分区。及早建立分区还可以对泄漏作出初始预估，调整DMA设计流程，把注意力集中到漏损最严重的分区。在有些情况，建立分区对重新选定检漏区域有好处，有助于改进检漏工作流程。

理想的做法是蓄水设施（水池，水塔）应位于分区之外。如果做不到这一点，应计量进出蓄水设施的流量，并应用到流量分析中。当然这样做会降低整体测量精度。

建立分区后，下一步就是把每个分区分割为几个适当大小的DMA，这在大型互连管网中是最常见的，在小型供水系统中可以省掉这一步。

首先，根据管网图进行大区划分，此图需要标出：

（1）供水压高于该地区正常压力的所有建筑物；

（2）所有大型或特殊用户；

（3）地面高程。

这一步利用当地管网信息和水力学数据（压力和流量）来识别潜在的问题点，这些问题在关闭边界阀门时会更加恶化。当DMA的边界跨越主网时，需要通过关闭阀门或安装流量计来计算夜间流量。

在大型环状管网中，尤其是受制于现存低压力或水质问题的管网，最好是使用经过校准的水力模型，这样就可能辨别出管网中许多的异常（如未知的关闭阀门等），这些问题不解决，在建立起DMA时就很可能影响正常供水。

边界的设计不仅要符合宽泛的DMA设计标准还应该尽可能地少跨越主管道。边界要通过使用自然地理和水力学边界遵循阻力最低路线。目标很明确就是要使安装、运行和维护的成本最小化。当DMA边界阀在不改变现存管网运行的条件下就可以关闭时，可以减少压力或水质问题，在这种情况下模型的使用对于辨别现存的水力学平衡点特别有用。水力模型所能提供的详尽水力学知识可以实现有选择的强化设计，这样的设计在某些情况下对于单一DMA供水的优化是必需的，特别是在消防要求很严格的地方。事实上，经验表明就算是在最复杂的管网上，假如使用水力模型的话，也可能成功建立一个单一输入的DMA。当水质被认为有问题的时候，在设计中应该加入冲洗点。要重视这些冲洗点的易操作性，由本地员工执行操作，特别要考虑交通问题。DMA的边界阀门应该要容易识别。

理想的情况下，主干管道不应划分在DMA中，主要是为了避免安装流量计发生的费用，改善流量数据的准确性，维持供水的灵活性。当进入一个DMA的大部分流量二次通过系统的其他区域时，流量测量精度会显著降低。很显然，如果要使DMA建立时基础结构的变动最小，实际选定的边界经常采取折中的办法。例如，现有阀门可能并不处于水力学平衡点，最后只能使用离平衡点最近的阀门。在有些情况下，特别是便于实现压力管理时，把主管道划入 DMA 中也许更经济。

在设计阶段，并不需要管网全部的准确基础结构信息，但是许可的前提下需要标出重要工业用户位置。需要足够准确的管网信息来确认 DMA 是否符合设计标准。如果用水力模型时，就可以确定估算的流量数据；如果没有水力模型，最好的管网信息资料是 GIS，其中有账单记录、邮编或逐条街道的调查信息。

监测设备位置的设计需要使用大比例图纸，这样可以看到主管道的细节、阀门的位置、弯头位置以及其他设施信息。阀门和弯头对于某些监测设备可能会造成流量读数的不准确，所以一定要把这样的监测设备安装在直管上，按照监测设备的安装规范进行选点和安装。

还需要考虑如何从监测设备获得数据，通常使用 GPRS 或 3G 进行数据传输。

2.4 分区大小与经济性

分区的大小直接影响实现 DMA 管理所需花费，可计量区分得越小，花费就越高。这是因为分得越小，需要安装的阀门和监测设备就越多，之后的维护费用也会比较高。然而小分区也有它的优点：

（1）新漏点可以较早识别，缩短感知时间。

（2）对照夜间使用噪声，较小的泄漏也可以被辨别。

（3）同样的泄漏，在小分区中能较快地定位，故减少了定位时间。

（4）对于一定量的漏点，由于普查区域较小，降低了定位成本。

（5）更容易将漏损控制在较低水平。

实际分区过程中，考虑到管网基础结构的现状和压力优化的需要，分区大小的设计总是非常灵活。在英国，DMA 的大小是由用户数量决定，在城镇用户数约为 500～3000 户。

实践证明，当分区用户数大于 5000 户时，就很难从夜间流量数据分辨出小的漏水（支管漏水），定位漏点需要更长时间。但是通过关闭辅助阀门，大的分区可以分隔成为几个小的分区，这样每个小分区可以依次根据大分区监测设备进行检漏作业。不过要注意，辅助阀门在 DMA 设计阶段就要考虑进去。

在基础结构条件很差的管网中，如果漏水频率很高，或者漏点修复后压力升高会造成新漏点，这个时候就有必要考虑很小的 DMA 分区，用户数要控制在 500 户以下。

DMA 的大小也可以按照管网的公里数决定，特别是在成排别墅的区域，用户密度很低，漏点定位比较容易。正常情况下由主管长度来衡量分区大小。

根据我们近几年的实践经验，结合国内具体情况，在中国 DMA 分区大小按以下原则：

（1）按照用户数量，一般为 5000～10000 户；

（2）按照管网长度，一般为 20～30km；

（3）按照供水量，一般为 2000～5000m³/d。

一般说来，水力学因素、操作因素、经济因素等最终决定 DMA 的大小。

供水企业一般都有自己的标准，来确定最经济的泄漏控制方法，包括主动检漏策略、分区大小、漏损控制目标和人员配置策略。

2.5 间歇供水的分区计量

连续供水并不是 DMA 管理的先决条件，DMA 管理也可以应用到间歇式供水管网上。只不过结果的准确性较差。不过泄漏水平越高，准确性就越不重要。主要的困难是定量漏水程度，因为多数用户都会在供水期间蓄水以备停水时使用。不过定量漏水程度的原理是不变的。如果用户有水表，而且计量准确，那么就能计算出一定时间的平均用水量。如果得不到可靠的用水量数据，那么就需要在用户中抽样监测来获得有代表性的数据。

在有些情况下，有可能提供24h移动基准流量来测量夜间最小流量。需要注意，浪费（蓄水池外溢、非法用水）的增加对数据没有影响。

通常，之所以间歇式供水是因为管网中存在大的漏水点，因此估算用水量对评估总的漏水程度影响不大。一旦大的漏水点修复，可显著缩短间歇供水时间，甚至实现连续供水，从而大大简化DMA管理工作。

2.6 分区对水质影响

建立DMA就要永久关闭边界阀，这与通常完全开放的管网系统相比，会形成更多的死端，可能造成用户对水质问题的投诉。关闭的阀门数越多，产生水质问题的可能性越大，特别是关闭的阀门不在现有水力学平衡点。通过定期冲洗管道可以缓解这个问题，但是一开始设计时就要考虑，确定不要让水质恶化。某些用水设施具有边界阀功能，比如消防栓，有两个阀门，两侧各一个，可以缓解水质问题。需要记住，建立DMA会使水质恶化，与漏损控制无关的管网改造影响更明显。

2.7 分区内压力、流量和泄漏量的关系

目前普遍认为压力控制是泄漏管理的要素之一，只要有可能，设计DMA方案时就应该予以考虑，主要原因有以下三点：

（1）降低现有泄漏水平；

（2）降低重复泄漏风险；

（3）延长管网的使用寿命。

压力的影响，虽然在理论上已十分清楚，但最近才在泄漏管理中得到重视，用于管网上减少泄漏和维持低的泄漏水平。

基本上，泄漏量与压力之间关系最简单最可靠的表达形式是：

$$L_1 = L_0(P_1/P_0)^{N_1}$$

式中，P_0 和 L_0 分别表示管网上初始压力和泄漏流量，P_1 和 L_1 是改变压力后的相应数值。N_1 对于各个 DMA 来说一般介于 $0.5\sim$ 1.5 之间，取决于主要泄漏类型以及管材的软硬。对于由混合管材组成的大系统，N_1 的平均值通常假定取 1，意味着泄漏与压力之间是线性关系。

管网上的压力随着流量发生变化。用水高峰期时当流量增加，压力就会降低，泄漏会减少，如图 2-2 所示。

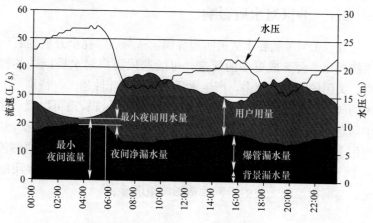

图 2-2　管网上流量、压力、泄漏的关系

可以看出，泄漏量在 24h 当中并不是恒定的。用以关联夜间泄漏量与日泄漏量之间关系的参数称为夜日因子（NDF），由下式确定：

日泄漏量 = NDF × 夜间每小时泄漏量

其中，NDF 表示为 h/d，因此每天节约的量是 $[L_1 - L_0(P_1/P_0)] \times$ NDF。

对于重力供水的 DMA，NDF 一般小于等于 $24h/d$，对于有大的摩擦压头损失的低压重力供水系统，NDF 可能会低至 $12h/d$。而对于直接压力供水或有加压设备（基于时间或流量）的 DMA，NDF 一般高于 $24h/d$，也可能高达 $36h/d$。

很显然，在使用夜间流量估算日或年泄漏量时 NDF 是一个必须要考虑的主要因子。正因为如此，总是优先考虑以每小时夜间测量流量为基准表示泄漏流量，或基于以天为基准的水平衡。

2.8　分区密闭性测试

DMA 边界设计完成后，要验证每个阀门能否关严，找出损坏的阀门。边界密封的重要性绝不可低估，因为一个阀门有问题会影响两个 DMA 分区漏水量的估算。事实上，把边界阀门安装在离自然水力学平衡点尽可能近的地方的一个重要原因是为了减少压力降，也就是减少通过阀门的流量。阀门有效性确认后，关闭阀门检查每个 DMA 的压力是否符合设计要求。打开消防栓，检查能否应对用水高峰或消防需求。如果不符合设计压力，那么就需要仔细核查 DMA 细节。

常见的问题是存在未知的关闭或半关闭的阀门，如果不存在，那很可能设计有误，在设计阶段使用水力模型可有效预防。

DMA 一旦建立，就应该进行零压力测试，即停止 DMA 供水，检查压力是否归零。所有边界和区域阀门都应该检查是否紧闭，如果发现阀门有问题，立即更换，重新进行零压力测试。

零压力测试的典型程序如下：

（1）在分区边界的阀门上做好标记；

（2）测试时间定为凌晨 1 时～5 时，并通知特殊用户（如医院等）；

（3）确认 DMA 边界、边界阀门和 DMA 供水阀；

（4）DMA 关键位置要有压力表记录压力；

（5）关闭 DMA 供水阀，封闭 DMA；

（6）分析压力数据。如果压力降到零，则边界密闭性良好。如果有较低压力，则可能存在未知连接。10min 之后压力还没有降下来，要通过模拟用水（打开分区中的消防栓）二次检查，看压力是否归零。如果没有未知连接，消防栓关闭后压力应不会升高；

（7）如果测试失败，即压力升高，很可能存在未知连接。这种情况下评估各个监测点的压头（压力＋高程），找出该地域潜在进水口。必须要强调验证 DMA 边界密闭性非常重要，因为此后的漏点定位取决于漏水量估算的准确性；

（8）测试完成后，打开供水阀，检查压力确保分区恢复正常供水。

3 分区定量系统的实施

3.1 实施分区计量总体思路

首先需要明确的是这里的供水管网分区，不同于行政区域划分，不同于管网串联或并联的划分，它是对供水管网系统按照可封闭计量且各区域管网相对独立的原则划分。实施分区计量总体思路如图 3-1 所述。

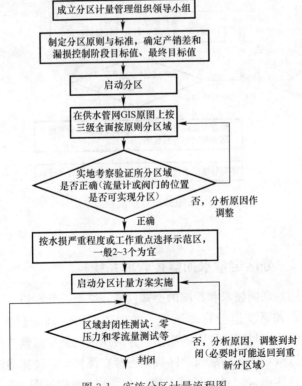

图 3-1 实施分区计量流程图

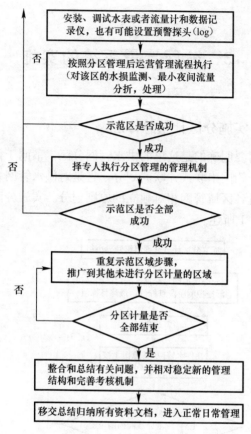

图 3-1 实施分区计量流程图（续）

3.2 分区定量水损监控管理系统

　　运用物联网技术和高端的感知仪器，结合国际水协分区计量指导要点和系统运营管理流程，并使用 GPRS 高端技术手段，实时在线监测封闭区域内的流量，并应用夜间最小流量与夜间最小允许流量对比，判断当前区域是否存在漏损，并快速确定漏点区域。具体而言，系统目标见图 3-2，系统结构见图 3-3，系统整体架构见图 3-4，系统功能架构见图 3-5，系统特点见图 3-6。

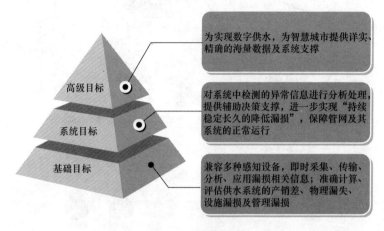

图 3-2　系统目标

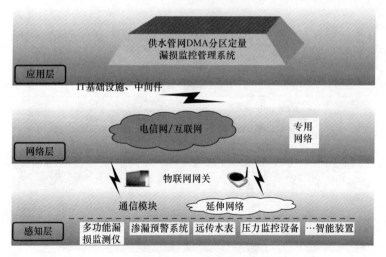

图 3-3　系统结构图

传感器部分主要负责现场压力、流量、噪声数据的采集。网络传输部分则负责将采集的数据收集整理，并通过 GPRS 网络传输到因特网上。软件部分则负责处理从服务器上下载的三合一

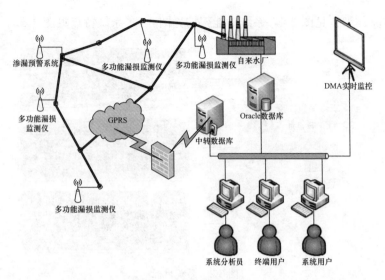

图 3-4　系统整体架构图

供水管网分区定量漏损监控管理系统（wDMA）						
数据采集	设备管理	在线监测	派工与检修管理	辅助决策	统计表表	系统管理
流量数据	厂商与设备台账管理	GIS地图在线监测	自动生成派工单	漏损评估分析	派工与维修统计	用户管理
压力数据	DMA分区及其设备管理	流量在线监控	自动生成检修区域图	资产管理分析	流量与压力统计	角色构成定义
噪声数据	设备与DMA分区对应查询	压力在线监控	移动办公（PDA/平等板）	水损分类分析	渗漏预警检测统计	权限信息定义
数据整合	设备使用历史记录查询	渗漏预警监控	自动生成报告	水平衡分析	漏损与经济效益统计	用户登录日志
阶段售水维护	DMA分区及管理	设备运行综览	水平衡简析	漏损评估对比分析	……客户所需统计	软件异常日志
	阀门关闭信息维护			区域漏损状态分析		系统参数设置
				DMA分区产销差分析		报表模板维护

图 3-5　系统功能架构图

传感器采集的数据，对其进行分析，并给出泄漏报警的参考统计结果。

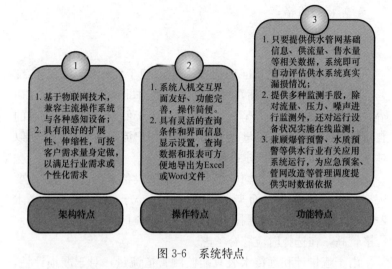

图 3-6　系统特点

3.3　监测设备的选择

监测设备应该能够准确测量小流量，在高峰流量时不至于引起过大的压头损失。

精准的计量技术可以满足既能应付每日的高峰流量和季节性流量的需求，又能准确地测量：

（1）进入 DMA 的夜间流量；

（2）进入 DMA 子分区的夜间流量；

（3）与逐步测试关联的很低的流量。

监测设备的选择取决于以下因素：

（1）管径大小；

（2）流量范围；

（3）峰值流量时的压头损失；

（4）双向测量；

（5）准确性和可重复性；

（6）数据通信的要求；

（7）设备价格；

（8）维护成本；

（9）现场环境。

监测设备的量程和准确性要求还依赖于使用的模式。传统上，DMA 用来监测泄漏，可重复性比绝对准确性更重要。在初始泄漏水平就很高的情况下尤其如此。由于使用 DMA 定量总的泄漏数据，分析历史流量趋势，并确立用户流量增加趋势，所以对每一个监测设备都要求准确。

流量计和远传水表均可作为流量监测设备，在选型时，主要从管径和经济性两方面来考虑。当管径小于 200mm 时选择水表，在大于 200mm 时选择流量计。从成本上来说，流量计相对价格较高，在选择时应综合考虑。

由于流量计和远传水表只能监测管道流量，对于漏损评估，仅有流量数据还不够，压力和噪声的监测数据对于快速发现漏水管段极为重要，多功能漏损监测仪作为一款可以同时监测流量、噪声、压力的一体化设备，不仅可以采集多种数据，而且可以保证采集数据的同步性、一致性。

3.3.1 多功能漏损监测仪

多功能漏损监测仪是一套由压力、流量、噪声传感器及数据记录仪组成的一体化监测系统。根据要求，合理选择管道监测点（一般选择管道阀门）使用户能即时发现管道是否存在渗漏或大的泄漏，起到在线实时监测预警的作用，从而降低爆管概率和供水安全事故的发生。

目前，国内外漏损检测方法主流还是被动式的声波检测法，即通过查找泄漏点的噪声来确定漏水点位置，由此衍生出了由简及繁的多种检测设备，包括听音杆、听漏仪、相关仪、多探头相关仪等设备，但是这种周期性检测方式往往不能在漏水发生的第一时间发现漏水，等到发现并定位漏水点时，漏水已经持续了很长时间，造成了大量的水资源流失和经济损失。

能够及时发现泄漏是减少损失的理想方案，因此近年来开始出现了噪声记录仪，通过管道监测点的噪声强度变化及时发现附近管道的运行状况，该方案极大地提高了漏损检测速度，降低了水资源的流失量，因此得到了业界的肯定。

但是，单一的噪声记录仪有其缺陷，由于泄漏噪声的传播特性，其一般能够有效传输的距离仅约二三百米，因此要想对大面积的管网进行监测，其需要的噪声记录仪数量大，成本高，而且由于噪声记录仪的安装方式比较开放，致使其容易被盗，给其后期维护带来了不小的挑战。

鉴于此，提出了应用压力、流量、噪声等参数对管网的运行状态进行综合监测，通过对封闭区域的流量和压力进行监测，根据流量压力的波动曲线，如果区域的夜间最小流量突然增加，说明该区域发生了新的泄漏，该方法能快速发现区域内是否发生了新的泄漏。而且可以根据区域的阶段供水量和售水量的差值评估当前区域的产销差水量，根据夜间最小流量和夜间允许最小流量评估区域的漏水量。起到评估区域漏损状态，指导漏损控制部门进行有针对性的漏水检测，同时快速发现区域内新发生的泄漏。在噪声可监测的范围内还能快速定位漏水发生的管段，极大提高了漏点定位的效率。实际上，这就是当前国内外大力应用和推广的 DMA 管理方法。

在实施 DMA 过程中，大多数情况需要在现有管网上安装新设备，因此，除了选择技术要求和性能特点外，必须考虑尽可能地减少对正在运行的管网的干扰，特别是尽最大可能避免在主管网上断管。因此选用带压打孔安装方式的监测设备是最佳选择。还有，通常压力测量也是需要打孔并与被测介质接触的，如果将压力和流量测量集成后通过一个开孔就解决了两种参数的测量，大大降低了工程量；同时，若再将噪声传感器固定在该传感器上，然后三个传感器的测量结果通过一个数据采集模块及一个无线 GPRS 模块传输到公共因特网上，通过安装客户端软件对数据进行收集处理，这种拓扑方式极大地发挥了该设备的灵活性。鉴于此，提出了多功能漏损监测仪的新技术。

多功能漏损监测仪（图 3-7）测量流量主要有两种原理，一是超声波，二是电磁原理。两类原理的仪器各有特点。超声波监测仪的主要特点是启动流速低，一般可监测 0.03m/s 的流速，而相对的电磁监测仪一般要至少 0.1m/s 以上。超声相对于电磁监测仪（插入式）的缺点是需要打两个孔，且是两侧安装，需要管道两侧留有足够的操作空间，接线较电磁式的稍多。但通常超声波的功耗较低，适合于电池供电方式应用，而电磁式要达到相同的使用时间则需要大几倍的电池容量。到底选用哪类设备，还需要根据实际情况决定。

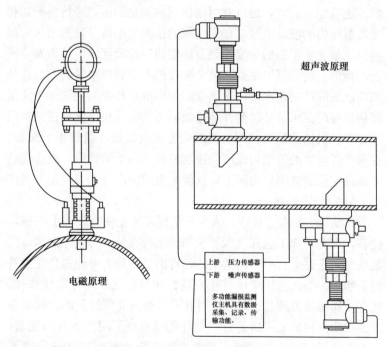

图 3-7　多功能漏损监测仪结构图

3.3.2　远传流量计

电磁流量计也是 DMA 监测点选择的设备之一，它应该具备低流速时的准确性、并对高峰流量压头损失影响不大。但是它们一般价格高，并且在多数情况下需要外接电源；超声波流量计也有同样的缺点，但不需要切割管道，在较短的进口主管道上即可安装，费用比较低。插入式流量计与管段式流量计相比，虽然精度稍差，但由于安装方便、价格低廉，而且可以电池供电，在分区定量管理中也是很实用的设备之一。

流量计尺寸要考虑压头损失、季节性波动和需求量的变化。如果管道中的水会反向流动或可能会出现这种情况，那么流量计就应当具有双向测量的功能。对以往年份记录的比较可以得出季节性变化的差异。当漏水被发现和修复之后会出现较低流量的情况也要考虑到。

如果在设计 DMA 时使用了水力模型，用这个模型来预估流量计的量程，同时考虑季节性变化和未来的最大最小流量。如果没有水力模型，使用临时插入式流量计估计量程，对季节性和特殊的流量做出适当的调整。

使准确性最大化的最容易方法是减少进口的数目。应该避免多入口多出口的测量区域，因为流量计的综合误差可能产生对泄漏水平的误导。

流量范围还可以根据以下内容来估算：

(1) 用户计量情况；

(2) 用户数目；

(3) 估算非家用需求（工业用水）；

(4) 估算特殊的夜间使用大于 500L/h（最大流量）；

(5) 估算夜间正常使用量；

(6) 估算泄漏（根据漏点修复后的最小流量）；

(7) 消防流量。

3.3.3 远传水表

智能远传水表是普通水表加上电子采集模块而组成，电子模块完成信号采集、数据处理、存储并将数据通过通信线路上传给中继器，或手持式抄表器。表体采用一体设计，它可以实时地将用户用水量记录并保存，每块水表都有唯一的代码，当智能水表接收到抄表指令后可即时将水表数据上传给管理系统。

（1）主要控制参数：

远传水表是以普通的机械式冷热水表为基础，加上远传输出系统构成的。水表部分选用的主要控制参数为流量、常用流量、过载流量、最小流量、分界流量、公称压力、最大允许工作压力、压力损失等。

（2）远传水表主要分类：

按机电转换方式不同分为：实时转换式远传水表、直读式远传水表。

按翼轮构造不同分为：螺翼式远传水表、旋翼式远传水表。

按照计数机件的浸没方式不同分为：干式远传水表、湿式远传水表。

（3）远传水表的选用要点：

1）水表的选用需首先考虑水表的工作环境，如水的温度、工作压力、工作时间、计量范围及水质情况等对水表进行选择，然后按通过水表的设计流量，以产生水表压力损失接近和不超过规定值确定水表口径。一般情况下，公称直径不大于 $DN50$ 时，应采用旋翼式水表；公称直径大于 $DN50$ 时，应采用螺翼式水表；水表流量变化幅度很大时应采用复式水表。室内设计中应优先采用湿式水表。

2）当用水均匀时，应按设计秒流量不超过水表的常用流量来决定水表的公称直径。当有消防流量到时，需要进行流量校核，保证其总流量不超过水表的最大流量限制。

（4）施工、安装要点：

1）水表应安装在便于检修和读数，不易暴晒、冻结、污染和机械损伤的地方。

2）螺翼式水表的前端应有 8～10 倍水表公称直径的直管道，其他类型水表前后，宜有不小于 300mm 的直管道。

3）旋翼式水表和垂直螺翼式水表应水平安装；水平螺翼式和容积式水表可根据实际情况确定水平、倾斜或垂直安装；当垂直安装时水流方向必须自下而上。

4）对于生活、生产、消防合一的给水系统，如只有一条引入管时，应绕水表安装旁通管。

5）水表前后和旁通管上均应装设检修阀门，水表与表后阀门应装设泄水装置。为减少水头损失并保证表前管内水流的直线流动，表前检修阀门宜采用闸阀。住宅中的分户水表，其表后检修阀及专用泄水装置可不设。

6）水表井应防止淹没和雨水。

7）水表的方向应与它的型式相符。

8）当水表可能发生反转，影响计量和损坏水表时，应在水表后设止回阀。

9）冷热水表的安装要求除工作温度不同外，基本相同。热水表的最大工作温度为110℃。若热水表安装在锅炉或换热器前，为防止回流，应在水表后设止回阀。

远传水表安装有两种方式：仅起到户外抄表作用的远传水表安装较为简单，只要将水表输出系统与安装于户外的数据显示装置（中继器）相连接即可；另一种方式是将整个楼或整个小区的所有远传水表通过中继器和网络控制器连接到小区管理部门，通过终端设备进行统一管理。

3.4　压力调节阀的选择

压力调控设备需满足的性能特点包括：

（1）满足稳定供水的前提下，调控阀门可在任何时候、任何情况下对管网系统的大范围的流量和压力实现快速、准确而稳定的调节；

（2）通过阀门的流量与阀门的开启度能实现完全线性的调节；

（3）阀门使用寿命长久、低噪声运行，并具有优良的防腐保护和最佳的防气蚀特性；

（4）阀门具有非常低的水头损失，水流平稳节能；

（5）系统运行稳定，采集的数据完整不缺失；

（6）可进行多种形式的压力调节，包括基于时间的压力调节、基于流量要求的压力调节及基于远程控制点（或平均压力点、进口压力点）的压力调节等。

除此之外，阀门还应具备下列功能要求：

（1）根据不同的需求尺寸定做不同型号的阀门，制定阀门的标准要大到足够通过高峰流量，小到可以通过最低流量；

（2）可生产出性能稳定的大口径、高压力的型号。

对于控制器的要求包括：

（1）简单易用，可独立使用；

（2）与执行器完全兼容；

（3）内置低压力检测和自动回应模块；

（4）内置脉冲装置故障（零流量）检测和远程报警模块；

（5）可避免耗资又耗时的实地控制，通过一个中心 PC 即可实现所有的数据记录和控制设置；

（6）可实现实时访问 GSM 或 SMS 网络；

（7）可选择利用市电或靠长久寿命的电池供电。

3.5 分区边界阀门的选择

3.5.1 阀门的选型

阀门有蝶阀、闸阀、球阀及旋塞阀等多种，在供水管网中使用的范围不同。为了降低管道覆土深度，一般口径较大管道选配蝶阀；对覆土深度影响不大的，力求选配闸阀；球阀及旋塞阀铸造及加工难度大，价格较贵，一般适用于中小口径管道上。近几年由于铸造技术的改进，采用树脂砂法铸造，可避免或减少机械加工，从而降低了成本，因此球阀用于大口径管道上的可行性值得探索。至于口径大小的分界线各地应按具体情况考虑划分。

蝶阀的主要缺点是蝶板占据一定的过水断面，增加了一定的水头损失；闸阀虽无此问题，但大口径立式闸阀的高度影响管道的覆土深度，大口径卧式闸阀的长度增大了管道占据横向面积，影响其他管线的安排；球阀及旋塞阀则保持了闸阀单水流阻力小、密封可靠、动作灵活、操作及维修方便等优点。旋塞阀亦具有类似优点，唯过水断面不是正圆形。

近年来，国内不少阀门生产厂家研制软密封闸阀，这种闸阀和传统的楔式或平行式双闸板式闸阀相比有如下特点：

（1）软密封闸阀的阀体、阀盖采用精密铸造法铸造，一次成型，不使用机械加工，不使用密封铜环，节约有色金属；

（2）软密封闸阀底部无凹坑，不积存渣物，闸阀启闭的故障率低；

（3）软密封衬胶阀板尺寸统一，互换性强。

因此软密封闸阀将是闸阀的发展方向，也是供水行业乐意采用的一种阀门。启闭软密封闸阀时，千万不要关闭过死，只要达到止水效果即可，否则不易开启或衬胶剥离。

供水行业使用的蝶阀多数是软密封蝶阀，针对蝶阀在安装过程中胶圈易受损、进而影响密封性，不少厂家推出金属密封蝶阀代替胶圈密封蝶阀。金属密封蝶阀由于密封件的弹性较小，一般采用偏心结构，特别是用三维偏心结构较为合理。

3.5.2 阀门的性能与测试

阀门的特殊性要求其质量可靠、性能优异。评价阀门的性能与性能测试时，应注意以下几点：

（1）阀门在工作水压下启闭灵活、轻便，在工作水压下用扭矩扳手检测开启力矩。

（2）阀门关闭严密，在1.1倍工作水压下不渗漏或渗漏符合标准要求（金属密封的蝶阀），这要求阀门的两侧轮流承压、分别检测，且多次启闭达到同样效果。要求各种口径、不同类型的阀门均应在生产厂家和有检测资格的单位进行带负荷启闭的寿命检测。这种检测也包括对阀轴密封效果的评价。

（3）阀门过流能力要强，特别是蝶阀，蝶板的过流阻力要小，过流有效面积要大。这要求各种口径、不同类型的阀门都应进行流阻系数的测定。

（4）阀体承受水压的能力应与管道一致，也就是阀门开启状态下，阀门能承受管道试验压力的要求。

3.5.3 阀门的内衬与外防腐

阀门是输送饮用水的设备，阀体内衬一定要无毒、耐腐蚀、耐磨、光洁，使水流阻力尽可能小。如阀门的压板、螺栓和蝶板材质不同，很容易发生电化学腐蚀，腐蚀生成的铁锈延伸至密封面，影响阀门的密封效果，另外阀门安装在阀井内，浸泡在水中，防止锈蚀是很重要的，因此内衬要覆盖完善，防止产生锈蚀造成供水的二次污染。

阀门的外防腐可采取抛光清砂后，再作静电喷涂无毒环氧树脂防腐，也可以先刷1～2遍红丹漆，于后再刷两遍防锈漆。

3.5.4 阀门的运行管理

阀门能否启闭良好，不仅要阀门选型恰当、产品质量好、精心施工安装，而且还要周到地管理，才能起到"养兵千日，用兵一时"的效果。良好的运行管理体现在以下三个方面：

（1）技术资料齐备。

阀门的技术资料包括阀门出厂说明书，阀门购进后的检验合格单，阀门的组装及位置卡，阀门的检修记录。对于街道的变迁，阀门卡片应及时更新，力求建立 GIS 管理系统。

（2）阀门运行管理周到。

阀门运行管理的质量要求包括阀门应关闭严密，阀门轴杆密封填料处不串漏，阀门启闭轻便、指示完好。阀门运行管理日常工作包括阀门历次启闭操作单的报批记录及操作记录的完善，阀门定期检测的启闭记录等。对于长期没有操作过的阀门，根据口径的大小，定出不同的检测周期是必要的。对于发现的故障应提出维修方案，及时处理，特别是关闭后无法开启的阀门应像抢修爆管一样进行紧急处理。

（3）阀井状况良好。

阀井状况包括阀井砌筑符合行业标准和设计规范，井盖与路面衔接完好，操作阀门的孔位准确，井内无杂物及污水，阀门表面无锈斑。在条件许可的情况下，大口径阀门井应考虑井内空气可长期对流的技术措施。对阀门井应定期巡视，对井盖的丢失和损坏应及时处理。

4 分区定量系统参数计算

4.1 分区平均压力估算

受地理环境影响，DMA 分区内管网高程变化可能会非常大，特别是在郊区或盆地（谷地）附近。为了计算压力影响，应该估算分区平均压力。DMA 分区平均夜间压力（AZNP）应该是 DMA 分区平均压力的最佳估值。有下面几种方法来计算分区平均压力：

（1）在靠近 DMA 中心位置安装压力表，记录几周数据来确定典型的夜间压力。

（2）获取 DMA 中所有用户连接点高程，再计算他们的平均高程。由 DMA 入口处测量或估计的压力来确定总压头，减去连接点平均高程得到估计的 AZNP。

（3）使用标定过的管网水力模型，在夜间最小流量时间内计算 DMA 中每个连接点的压力，并计算以用户数为权数的加权平均值。

对于一个大约 3000 个用户的 DMA 分区，确定 AZNP 的方法是：先从当地得到最佳估值，再根据 GIS 系统确定某个 DMA 中用户连接点的平均高程，然后读取关键点压力、减压阀出口压力、水泵出口压力、蓄水池水面高度，来确定 DMA 中典型的夜间压力，以逐渐修正这个估值。

当某个 DMA 包含几个压力区时，那么其 AZNP 则应该是各个压力区 AZNP 以用户数为权数的加权平均值，下面举例说明：

压力区 1　500 个用户，AZNP 是 30m

压力区 2　200 个用户，AZNP 是 70m

压力区 3　700 个用户，AZNP 是 45m

DMA 的 AZNP $=[(500 \times 30) + (200 \times 70)$
$$+ (700 \times 45)]/(500 + 200 + 700) = 43.2 \mathrm{m}。$$

需要注意：AZNP 取决于当地具体情况，给予适当指导，当地人员通常都能得出非常可靠的 AZNP 估计值。夜间压力一般就是这个区域的最高压力，即来自减压阀、蓄水池等的入口压力，不会像白天存在压头损失引起的压力降。

对于多个分区，要计算它们的 AZNP 平均值，除要先计算每个分区各自的 AZNP，还需要知道每个分区所占权重，计算权重的重要依据就是分区的"多重压力"。

根据经验，考虑"多重压力"时，季节因素也非常重要。但是需要清楚，只有通过长期记录压力数据才能确定季节影响。

如果压力系统结构非常复杂，或者我们考虑对其简化，那在估计 AZNP 时，就必须明确，考虑哪些因素忽略哪些因素。

4.2 夜日因子估算

任何 DMA 的 NDF 都可以通过记录 24h 内 AZP 处（平均区域压力点）小时压力进行计算。那么如果：

（1）最小流量期间 AZP 处小时压力是 $P_{\min}$；

（2）小时夜间流量 Q_0（00～01 时）、Q_2（01～02 时）…对应的压力是 P_0、P_1…。

则 NDF 可计算如下：
$$\mathrm{NDF} = (P_0/P_{\min})^{N_1} + (P_1/P_{\min})^{N_1} + (P_2/P_{\min})^{N_1}$$
$$+ \cdots + (P_{23}/P_{\min})^{N_1}$$

其中，N_1 是 FAVAD 方程中的指数，这个方程把泄漏速率和压力关联起来，即：

泄漏量与压力的 N_1 次方成正比。

后面还要指出，由以上公式，不测量进入 DMA 的流量也可以计算 NDF。如果平均压力与泄漏速率之间的关系是线性的（$N_1 = 1.0$），没有特定的 N_1 估算（下面介绍）时，一般都可以这样假定，于是 NDF 方程就简化为：

$$NDF = 24\left(\frac{日平均压力}{P_{min}}\right)$$

由于 AZP 处的 24 小时压力分布每天、每周会发生变化，而且每个季度也会变化，所以相应的 NDF 也会跟着变化。

经过广泛实验和现场验证，不同的 DMA 中 FAVAD 指数 N_1 的值在 0.5 到 1.5 之间。这是因为背景泄漏，可检测（有报告的、无报告的）非金属管道泄漏的 N_1 接近 1.5，对压力的变化十分敏感。与此相反，可检测（有报告的，无报告的）金属管道泄漏的 N_1 接近 0.5，对压力不太敏感。

在对夜间流量组成进行详细分析时，必须考虑不同的泄漏类型有不同的 N_1 值。由 AZP 压力数据计算 NDF，可以使用一个基于图 4-1 的比较简单的实用方法：

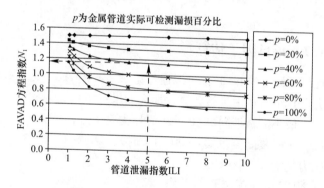

图 4-1　FAVAD 方程指数 N_1 与 ILI

首先估计 DMA 中泄漏的程度，分为 1（最低）～10（很高）级，这样就可以粗略估计泄漏指数（ILI），这个值一般主观性较强，假定估值为 5。

下一步，估计金属管道实际可检测漏损的百分数。最粗略的估计是金属管道所占管道总长的百分数。假定为 60%。

然后，在 x 轴上读出 5，直到碰上 60% 曲线，然后从交叉点读出 y 轴上的值来估算 N_1 的值，大约是 1.1。

4.3　夜间用水量估算

简单来说，DMA 中的漏水量就是进水量和用水量的差值。DMA 建立后，进水量由流量计直接测量，但用水量无法准确计量。因为即便所有用户装了水表，但受计量错误和非法用水等因素影响，用水量数据也不准确。

在连续供水的管网上，用水最少时计算漏水量可以克服许多问题，这个时间一般是在夜间。因此，除了不漏水的供水管网，大部分的夜间流量是由漏水引起，可以直接测量。

当用户用水量有计量时，把历史用水量乘以夜日因子就可以估算夜间用水量。当没有夜日因子或者觉得不可靠，建议对用户进行采样监测，方法是与现有监测设备串接一个高精度监测设备，每 30min 记录一次，至少连续记录 7d。这样通过比较串接监测设备的消费量和用户水表计量的表观消费量，就可以评估计量误差。同样的方法也可应用到间歇式供水以及用户有蓄水池的管网。另外也可以在一天之内每隔一定时间人工读取选定监测设备，来获得典型的用水状况。

我们可将夜间用户分为三类，他们是：

（1）家庭用户；

（2）非家庭用户，比如商业、学校，主要在白天用水；

（3）特殊用户，包括工业用户、农业用户、医院、诊所等。

确定 DMA 用户数有两种方法，最精确和最恰当的方法是使用账单记录中的地址。如果没有这些地址，泄漏水平又很高，那么只要估算各种用户数在 DMA 所占的比例并确定一个典型的消费量就足够了。要想尽一切办法准确定量用户的消费量来提高推算漏水量的可信度。

建立夜间用水量所需的数据：

（1）人口；

（2）家庭用户数（建筑物中的公寓数和住宅数）；

（3）非家庭用户数；

（4）管网详细基础结构；

（5）把夜间流量大于 $0.5m^3/h$ 的非家庭用户标记为特殊夜间用户；

（6）工业用户详细情况，例如用户类型、日平均需求量等。

在间歇供水管网上，用户往往有自己的蓄水池来保证日常用水。除非对消费量执行监测，泄漏定量会受到很大冲击。在24h供水的低压管网上也有使用蓄水池的。在这种情况下，最好的解决办法是对有代表性的样本执行状态监测得到正确的需求量用于泄漏计算。

下面是英国各种用户类型的夜间用水量的估算方法，我们可以借鉴。

（1）家庭用户夜间用水量估算方法：

居民夜间总用水量 = 居民总数 × 夜间用水率

在这个公式中，居民夜间用水率是由该国家或地区户均人口数来决定的。

（2）非家庭用户夜间用水量估算：

非居民住宅的夜间用水量 = 非居民住宅数目 × 夜间用水率

表 4-1 中将夜间用户分成五类，然后根据不同类别的用户，分别进行计算。非居民住宅夜间用水量为从 A 到 E 五个类别的用户夜间用水量总和。

不同类别的用户夜间用水率　　　　　表 4-1

类　别	用　户	夜间用水率（L/h）
A	没有安排夜间值班的警局、消防局，电话转接中心，银行，教堂，礼拜堂，花园，市场等	0.7
B	商店，办公室，手工艺品店，自动洗衣店，库房，物业公司，小型旅馆，修车厂，旅游车车站，农场，家养牲畜用水槽等	6.3
C	大型宾馆，学校，饭店，咖啡店，社区会堂等	10.4
D	医院，工厂，公共厕所，工作地点等	20.7
E	老年公寓，矿山，采石场等	60.6

（3）特殊用户夜间用水量估算。

众所周知，有一些大型的工业用户，他们用水量很大，往往超过 500L/h，并且更重要的是，他们的用水量每天都在变化。所以，要确定这些用户的夜间用水量，就只能看水表，有时我们会从 0 时到 5 时每隔 1h 读一次水表。

有一些用水大户，它们虽然用水量很大，但是每晚的用水量差别不大，另外一些用户，它们的耗水量每晚都不同，也有一些用户的夜间用水量是每周不一样的。一般情况下，只要询问用户就能知道它们各自用水特点。对于这些大企业来说，可能每晚的用水量都不同，这时，我们就要多统计几次企业的用水量，并把几个晚上的数值记录下来，以此来统计企业的夜间用水量。

还需要注意，有的企业平时每晚的用水量都是处于很正常的低水平，但是每年总会有那么几天，晚上用水量超过 500L/h，这时，我们不会把这样的企业作为特殊用户进行分析。举例来说，有些企业在每年需要对设备进行维护时，会突然某一晚大量用水，这样的情况下，我们并不把这个企业作为特殊用户来进行分析。

对于一些特大规模的企业来说，我们很可能就需要为该公司建立适合其特殊情况的夜间用水量计算公式了。并且，如果该企业每晚的用水量都是不同的，对其进行单独分析就显得尤为重要了。

4.4　夜间最小流量测量

夜间最小流量是每天夜里流入 DMA 的最小流量。大多数情况下，这个流量主要是泄漏造成的，用户消费所占份额很小。在简单的 DMA 中，夜间流量从单一监测设备读取。而在有些场合，夜间最小流量是几个监测设备计量值之和的最小值（而不是每个监测设备计量的最小值之和）。

夜间流量应该是设定时间（通常按每小时）内的平均流量。

通常数据记录仪设定为至少每隔 1 小时记录 1 次流量，得到流量 1h 移动平均值的最小值，该值与记录的时间间隔略有一些关系，一般可以忽略不计。

4.5　背景泄漏计算

当泄漏水平得到控制后，进一步减少漏水就变得越来越困难。在这种情况下，有必要对每一个泄漏组成进行更详细的评估。为此，漏水和背景泄漏估算（BABE）组成方法得到开发，如能正确应用，可提高夜间最小流量分析的可信度。过去用了许多方法比较和锁定 DMA，遗憾的是很少有方法能够对不同大小、不同压力、混合基础结构的 DMA 作比较。BABE 方法不仅能够克服这些困难，还能定量无法避免的泄漏，确定实际可以避免的漏水或过量损失。

DMA 中的过量损失由暗漏造成。为了计算过量损失，夜间最小流量的其他组成必须测量或估算。虽然 BABE 方法需要大量数据，但是刚开始使用时，可通过设定初始值来简化，直到积累了更准确的数据。DMA 过量漏水分析见图 4-2，典型用户水管构造见图 4-3。

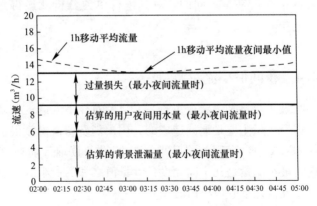

图 4-2　定量过量损失（DMA 过量漏水分析）

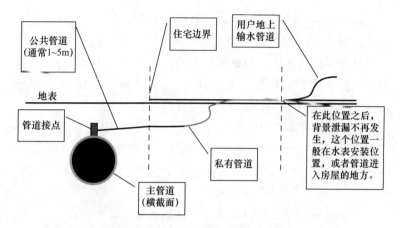

图 4-3　典型用户水管构造示意图

DMA 的背景泄漏水平可以用下面的数值估算：

（1）主管道长度；

（2）DMA 夜间压力平均值 AZNP；

（3）连接用户数；

（4）私有管道的长度。

2004 年国际水协公布了计算背景泄漏水平的公式，在设备状况良好的情况下，平均压力为 50m 的情况下，该公式表示为：

背景泄漏量（L/h）=0.02×主管道长度（m）+1.25×连接用户+0.033×私有管道长度（m）+0.25×居民住宅数与非居民住宅数总和。

下面等式给出了一个更加简便的计算方法：

背景泄漏量=ICF×（0.02×主管道长度+1.25×连接用户数）

+ICF❶×0.033×私有管道长度

+0.25×居民住宅数与非居民住宅数总和❷。

其中，ICF 为基础设施的状况因子，它用来表示主管道的好

---

❶　如果用户水表位于私有管道和公有管道连接处，那就不用考虑 ICF 对私有管道影响，因为使私有管道漏失量最低符合用户本身利益。

❷　地下管网状况不会对用户地上输水管道漏水有什么影响。

坏程度，一般情况下，它的取值范围为 1 到 4 之间（其中 1 表示状况很好，4 表示状况很差），在英国 ICF 一般取值为 2。

从更深层次考虑，以地区间平均夜间压力为基础对公式进行修正，修正因子国际上一般取值为 1.5。这样，DMA 的背景泄漏水平损失可以用下面的公式进行计算：

$$背景泄漏量 = ICF \times (0.02 \times 主管道长度 + 1.25 \times 连接用户数)$$
$$+ ICF[1] \times 0.033 \times 私有管道长度 \times (AZNP/50)^{1.5}$$
$$+ 0.25 \times 居民住宅数与非居民住宅数总和$$
$$\times (AZNP/50)^{1.5}。$$

下面举例说明如何计算 DMA 背景泄漏（表 4-2）：

背景泄漏量的相关数据 表 4-2

基本数据	数值
主管道长度（单位：m）	22500
AZNP 值	60
连接用户数	1500
私有管道户数	1500
每户私有管道平均长度（单位：m）	12
ICF	1.5

如果用户没有安装水表，并且直接供水，这时计算公式如下：

$$\{1.5 \times [(22500 \times 0.02) + (1500 \times 1.25) + (1500 \times 12 \times 0.033)]$$
$$\times (60/50)^{1.5}\} + \{(1500 \times 0.25) \times (60/50)^{1.5}\} = 6250l/h$$

如果用户在私有管道边界处装了水表，并且直接供水，这时计算公式变为如下：

$$\{1.5 \times [(22500 \times 0.02) + (1500 \times 1.25) + (1500 \times 12 \times 0.033)]$$
$$\times (60/50)^{1.5}\} = 5860l/h$$

---

[1] 水压只影响直接供水用户的地上输水管道，而对于通过地面水箱或屋顶蓄水池供水的用户没有什么影响，这类家庭或非家庭用户的漏水量通常按 0.25L/户来计算。

用户为直接供水，并在私有管道边界处安装水表，不同的 AZNP 和 ICF 下该用户背景泄漏量见表 4-3。

不同 AZNP 下 DMA 基础设施的用水损失　　　表 4-3

AZNP	不同管网条件下的背景泄漏量（单位：L/连接点/h）		
	状况很好	平均状况水平	状况很差
	ICF＝1	ICF＝2	ICF＝4
20	0.5	0.9	1.6
30	1.0	1.6	3.0
40	1.5	2.5	4.6
50	2.1	3.5	6.4
60	2.8	4.7	8.5
70	3.5	5.9	10.7
80	4.2	7.2	13.0
90	5.1	8.6	15.6

注：假定每 10m 主管道会有一个用户连接点，同时假定每户私有管道平均长度为 12m。

4.6 日漏水量计算

采用夜间最小流量方法定量漏水程度，通常是最准确的，因为它差不多就是对漏水量的直接测量。不过由于压力的影响，在用夜间漏水量推算平均漏水量时，需要特别注意。一般夜间压力最高，一天当中随着管网流动引起的水压损失压力不断发生变化。因此用夜间漏水量推算 24h 漏水量会高估日漏水量。考虑到这一点，由夜间流量测量值估算漏水量时，要乘以一个夜日因子。在重力供水系统这个值一般在 18～24 之间。

5 分区定量系统的运营管理

5.1 分区定量系统运营流程

分区定量系统的成功不仅仅在于"分区计量"技术层面上的成功，还有一个关键的、不可忽视、与之相配套的"运营管理流程"，它的坚持与成功与否也是重要的一个环节。常规的运营流程如图 5-1 所示。

5.2 初始设定和日常操作

DMA 分区经过测试验证后，首要的工作就是软件的初始设定和后续的日常操作。

初始的设定工作包括：

（1）设定记录程序；

（2）设定监测和数据采集程序；

（3）通知有关人员阀门的变动；

（4）确定漏点定位作业的优先次序；

（5）监测用户投诉，尤其是水质问题、压力低或无水。

日常操作包括：

（1）DMA 边界阀标记清楚，对所有人员易于识别；

（2）已关闭阀门的状态要定期检查；

（3）在特殊情况下边界阀门必须打开，注意此时的流量数据不得作为泄漏估算使用；

（4）对流量进行一致性监测。进入每一个 DMA 的日流量形态应该遵从该 DMA 内的日消费形态。如果不是这样，那就可能是边界阀或监测设备有问题的信号，应展开调查；

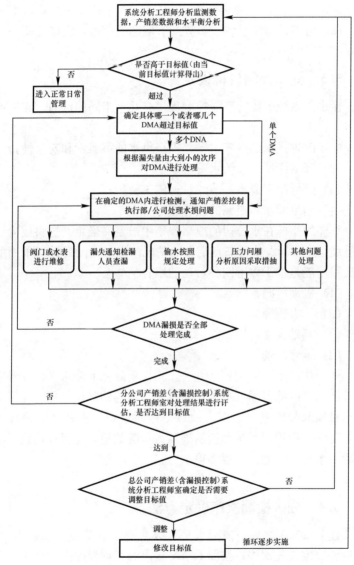

图 5-1 分区定量系统运营管理流程

（5）当夜间使用和用户日消费量可以估算出来时，可以通过简单的检查来确认由夜间流量测出的水损失与根据进入 DMA 的日净流量减去日总消费量计算得到的水损失相一致。如果不一致，那就可能是监测设备或边界阀有问题的信号，应展开调查。

5.3　漏损控制目标设定

在供水系统中执行泄漏控制程序有几个不同的目的，它们可能包括：

（1）改善供水的服务水平，提高供水的可靠性和安全性；

（2）降低漏耗，节约水资源；

（3）降低制水成本，节约管道施工费用；

（4）满足源水和泄漏的监管目标。

具体的指标在水公司的战略规划中被定义确定，这将成为设定后续选定 DMA 执行漏点定位的基准。应对泄漏目标所采用的方法很可能是基于以下四种行动的组合：

（1）主动检漏；

（2）压力管理；

（3）基础设施管理；

（4）维修管理。

要记住，不管采用什么方法，不仅要降低泄漏水平，并且还要维持将来的低泄漏水平。对来自主动检漏的降损目标的评估应该与对检漏和修复人力需求的评估同时进行。依各地的情况不同，建立漏损控制系统和初始检漏人员的数量，比目标达到后维持泄漏水平所需的人员要多得多。

5.4　分区检漏次序确定方法

建立 DMA 之后，泄漏水平可以在规定的基准上确定出来。然后要决定优先次序，按照 DMA 漏损的严重程度由大到小的顺序进行检漏。是否要对 DMA 进行检漏，取决于检漏和修复所带来的收益是否大于投入。

这就意味着成本/收益分析，有四个关键元素：

（1）检测和其他的修复成本；

（2）检测和修复的结果是否能降低泄漏水平；

（3）节省的价值❶；

（4）重复漏水的频度❷。

实施过程中可能遇到的实际问题：

（1）需要分析历史数据以便得出合理的估算，当 DMA 刚刚建立时，需要用户提供区域的基础信息；

（2）准确计算可节省出的价值是很困难的；

（3）要保证最佳的实施效果，需要组建较高水平、随叫随到的漏控队伍；

（4）如果没有准确数据，就使用实际可以得到的数据，而且要考虑 DMA 大小之间的差异。

5.4.1 简化方法

对于连续供水管网，常规方法是以单位管长的漏失量来表达泄漏程度。DMA 的排序方法是，按照单位管长的漏失量由高到低排序，选择漏失量最严重的 DMA 进行检漏。

5.4.2 间歇式供水

经常关闭和打开加压系统，严重影响供水管网的结构和稳定性，所以对于任何供水公司而言连续供水是最佳选择。如果管网的某些区域只能间歇供水的话，检漏工作应重点放在那些通过减少泄漏可恢复连续供水的 DMA 分区。但是把间歇供水归因于DMA 有问题还需谨慎。经验表明，间歇供水是由该地区管网上

---

❶ 可节省出的价值依赖于 DMA 的情况。例如由运行成本很高的加压长途水源供水的 DMA 中有些用户由于漏水而不得不忍受间歇供水所能节省的价值就比低成本重力连续供水 DMA 所能节省的价值就要高。改善供水的服务期限，可靠性和质量的价值通常高于其他指标的价值。

❷ 最初，主动检漏（ALC）会减少 DMA 中的漏水点。当 ALC 暂停时，漏水点和漏水程度会逐渐增加，直至达到或超过初始泄漏水平。当漏水点和漏水速度快速回升时，就需要再花钱进行 ALC。如果泄漏增加得很慢，可能几年都不必再花钱进行 ALC。所以对漏水严重、但回升速度很慢的 DMA 执行 ALC 的性价比高于对相同泄漏程度、但回升速度很快的 DMA。

游的超量泄漏造成。在这种情况下，检漏优先考虑有这类问题的DMA。通常间歇供水地区的泄漏水平很低，主要因为水压很低，并不代表没有泄漏发生。一旦恢复连续供水，泄漏水平就会升高。为此在供水压力高的DMA中，应该考虑压力控制。在有些情况下，智能压力控制已经应用于管理间歇供水问题，通过降低故障来恢复供水。水力模型对于间歇供水问题的原因分析和解决方案的确定也有极大帮助。

5.4.3 R值排序法

如果管网具有以下特征：

（1）边际收益用金额表示❶；

（2）DMA之间的边际收益差别明显；

（3）每个DMA中泄漏上升的速率❷相似或未知。

那么DMA可以根据边际收益与超量泄漏的乘积和用户数的比值来排序。

$$R = \frac{\text{边际收益}(m^3) \times \text{超量泄漏}(m^3/d)}{\text{用户数}}$$

首先选择这一比值最高的DMA。

5.4.4 间接方法

还有其他一些方法用来排列DMA的检漏顺序，并提供支持信息。这些方法定量泄漏量并换算成一个点数系统或者估算可能定位出的漏水点数。当把超量泄漏表示为漏水点数时，就可以估算出修复漏水所需开挖量和维修人员数量。

漏水点数一般表示为当量供水管漏水点数。一个当量供水管漏水量（ESPB）估算值在压力为30～50m时为1.6m³/h，这个体积量针对特定DMA中的平均压力要进行压力修正。如果初始泄漏水平或构建的管网导致对平均漏水量大的点进行定位，就应

---

❶ 边际收益是指节省1m³水所获得的收益，根据实际情况确定。

❷ 泄漏上升速率是指在主动检漏周期之间泄漏量随时间上升的速率。通过分析长期流量和维修记录就可以测量出来，它一般表示为升/户/天/年。

该采用基于当量主管道漏水点数（EMPB）的系统。在压力为
30～50m 时，5.75m³/h 作为主管直径在 100mm 以上时的初始
值直到能获得有用的信息。

根据经验，检漏人员可以分析最新的夜间最小流量，估计要
定位的 EMPB，查看前几天的夜间流量从而初步认定夜间流量是
如何增大的，并作出初始判断——在特定 DMA 中，是查找夜间
流量逐步上升为 3ESPB 的管道还是查找 1EMPB 的主管道，可
以利用软件来提供部分分析。

主管漏水速率是基于 1990 年初期在英国收集到的信息。最
近的经验表明，典型的供水管漏水速率是 6m³/h。

5.4.5　选择方法的改进

许多供水企业多年以来成功地采用了简单的近似方法，而不
需引入性价比方法。不过对于间歇供水的管网，连续供水一旦恢
复，就有必要考虑采用更为复杂的方法。

用户夜间用水评估、背景泄漏评估、主动检漏成本效果评估
都会随着时间的延续而有所改善。如果是这样的话，这些评估就
应该被纳入到选定优先次序的方法中。

5.5　流量数据核实确认

当获得流量数据时，可能导致 DMA 被锁定要求进行检漏，但
需要对数据反复核实后再派检漏人员去检测漏点。核实的内容包括：

（1）流量增大的时间是一天还是连续几天？一般超过一天再
采取措施。

（2）水消耗量的突然增加是否由用水大户引起？对于用水大
户，可考虑安装流量计来监测用水情况。

（3）是否存在夜间用水减少的情况？如果 DMA 刚刚建立，
可能会出现这种情况。

（4）用水变化是否因为管道维修引起？任何这种作业都要通
知漏控人员。

（5）边界阀是否动过？突然的流量变化往往是 DMA 边界阀的打开或关闭造成的，任何这种变动都要通知漏控人员。

（6）是否所有的监测设备工作正常？一个监测设备异常，就会影响相互连接 DMA 的漏水量。

（7）消火栓是否打开？这种情况应该登记为突发高峰流量数据，不能包含在泄漏估算中。

5.6 分区检漏时机的设定

5.6.1 干预点设定

应该开始检漏的点（用漏水程度表示）称为干预起始点，这个位置一般允许有一定量的漏水。只存在背景泄漏而查不出漏水的点称为干预终止点。在一开始漏水很严重的管网，干预终止点允许包含若干潜在可定位漏点。典型干预点见图 5-2。

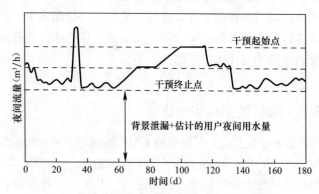

图 5-2　典型干预点（基于夜间流量的干预）

干预点是基于 DMA 排序所采用的方法。如果干预点设定为一个流量，那么 DMA 大小会影响实际可以设定的最低干预点。当漏水程度可以用费用来衡量，就可以将它作为 DMA 检漏的干预起始点和干预终止点。

5.6.2 主动检漏时间设定

如果有大量检测维修成本数据可供使用，就能很容易地建立

一个选定 DMA 数值的模型，来获得最佳经济效益。为渗漏过程
建立不同模型或者把某个模型简化，就可能需要各种各样的参
数，然而下面模型非常简单，并且很容易实现。

对于每个 DMA 数值来说，我们只需要下面的数据：

（1）DMA 泄漏水平控制到期望水平所需花费；

（2）检测维修后获得的收益；

（3）泄漏水平增长率。

主要的假设有：

（1）泄漏水平增长率为线性；

（2）主动检漏后的渗漏水平即时数值与最初漏水平数值没有
任何关联；

（3）所有数值都能够精确预测；

（4）由于所有漏水最终都会查出，所以维修成本不重要。

在这个模型中，由于泄漏水平是逐步增加的，我们应该把检
测维修成本保持在每单位泄漏水平损失的成本与检测单位泄漏水
平所需成本相等这一个点上，如图 5-3 所示：

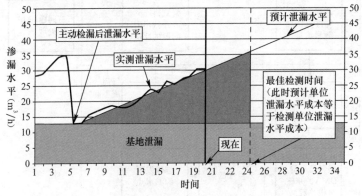

图 5-3　主动检漏的 DMA 数值选择的可替代性方法

5.7　将漏损量排序列入 DMA 管理

当检测维修所需资源已经准备好，选择检漏目标的方法已经

51

确定好后，应每周进行一次 DMA 分区排序。

应该定期核查排列优先次序的方法，同时评估哪些 DMA 需要检漏，哪些 DMA 有问题需要调查。

DMA 排序方法随着技术人员知识的积累会有所进步。当实际的主动检漏费用成本建立起来之后，就有可能通过比较实际费用和收益对采用的方法进行评价。依据评价的结果应该对目标水平和资源水平定期进行修正。

整个过程概括在下面的流程图 5-4 中，也可参见图 5-1 运营流程图。

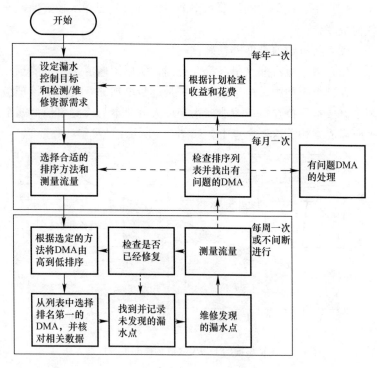

图 5-4 优先次序流程图

好的排序系统应当简单易懂，可以为工作人员提供优化检漏作业所需数据，同时能随着详细信息的积累和漏损的降低而不断完善。

5.8　检漏结果异常分析

选定的 DMA 进行检测和维修后，应对结果做出评价。在有些情况下，漏水降低量比预期要少得多，或者没多长时间重复漏水。这样的 DMA 称作有问题的 DMA，可采用下面的方法来处理。

5.8.1　漏水点少、漏水量高

有许多原因会导致只查出几个小漏点，但漏水程度明显很高。如果分区被验证边界密闭性良好，那么基本上有两个主要因素会造成此类问题：

（1）泄漏水平的定量错误；

（2）漏点定位作业错误。

首要的任务是验证泄漏水平。DMA 边界的密闭性是否很好的检查过？是否存在未知的或非法的用水？此过量的泄漏水平是否确实值得进一步的调查？一些推荐的步骤列在下面的表 5-1 中。

确认账面漏损真实性需采取的步骤　　　　　表 5-1

1. 查内部计量结果的一致性	检查监测设备记录的流量与计算泄漏使用的流量相同。 简单的方法是读两次监测设备，比间隔 24h。 通过监测设备的累积流量与同一时段用于计算 DMA泄漏量使用的系统（比如数据记录仪）的总流量作比较。如果数值不一致，检查系统获取数据的监测设备脉冲乘数可能不正确
2. 检查 DMA基础数据	检查计算泄漏水平的基础数据。包括所有用户监测设备的读数以及对家用、非家用损失的补偿量，家庭用户数和非家庭用户数，特殊用户，以及计算背景损失所需的数据
3. 检查泄漏量计算	使用经过核对的 DMA 数据、经过核对的夜间流量信息，计算得到的过量夜间流量要重新计算一遍，不使用原来的计算软件
4. 检查计量误差	如果 DMA 有几个计量的入口和出口，那么计算总的计量误差也许是有用的。使用 0.5％的误差，如果总的误差已能构成超量泄漏，那么应考虑重新设计 DMA 减少监测设备数目，或更换那些造成更大误差的监测设备

5. 检查边界阀	边界阀的检查方法与设立新 DMA 时的检查方法相同
6. 执行零压力测试	执行零压力测试，确认不存在未知的连接施加在 DMA 边界上
7. 小间隔流量记录	使用小间隔流量记录技术记录随时间变化的夜间用水。这可能显示夜间用水高于（或低于）预期
8. 验证监测设备准确性	某些进入/流出 DMA 的流量可以直接用其他监测设备的组合来验证。但也有一些情况下无法验证。这时就应该对流量执行验证。验证可能需要更换监测设备。更换监测设备之后，用新的监测设备读数来计算新的泄漏量。 另外一种方法是在现有监测设备的下游插入一个测流设备，比较两个设备纪录的流量。 夜间流量的检查是确认没有监测设备在最小流量时停转。如果停转的监测设备是在出口，它会导致明显的高泄漏。 检查监测设备的安装是否符合制造商要求的条件。包括上下游的直管长度，是否存在射流。检查安装有没有异物
9. 非法用水	如果 DMA 中包含计量的非家用用户，具有潜在的大用水量。对他进行调查可能会发现非法用水
10. 修复	核查报告的漏水点是否已执行了修复
11. 重新考虑夜间用水预留	检查 DMA 中用户的用水情况和计量情况，发现未计量用户，要安装水表；如果有可能的话，监测夜间用水。对于潜在夜间用水大户应该进行监测和夜间查表。 人工巡查 DMA 也许会发现夜间用水多的家庭用户。如果 DMA 中上倒班的人员比例高或者有大的公园在夜间浇水的话，就是这种情况

　　如果泄漏水平是正确的，就有必要评估漏点定位作业的准确性。特别要质疑是否有的漏点没有被查出来。

　　所以有必要通过水力模型精确地辨认出管网中产生最大用水量的部位。可以通过夜间逐步测试来实现，在这个测试期间，关闭选定的管道阀门，管网逐步向 DMA 的入口处隔离。每隔离一步，流量立刻减少相应于被隔离部分的消费量。最好是在测试过程的每一步都对压力进行监测以确认关闭阀门有效地起到了隔离的效果。如果管网无法隔离，也可以采用次级计量的方法，目的相同。

　　这里重点不是叙述执行逐步测试的详细步骤，下面只概括出关键点：

（1）在测试中任何用户夜间用水的消费量都要定量；

（2）排查范围应尽可能小；

（3）测试前所有关闭的阀门都要核查密闭性，更换有问题的阀门。

作为逐步测试或次级计量的结果，几段主管道可能会被识别出包含高的夜间流量损失。在这些区域要重复检漏作业，有些情况下还要增加新的评价点以减少相关长度。

还有几种间接方法可以应用到 DMA 的检漏当中。包括 DMA 内部的压力记录来辨认在短长度内发生大的压头变化的主管道以及应用水力模型模拟泄漏的压力效应。

5.8.2 漏水量过低

如果 DMA 中泄漏很低（相应于 DMA 的特性来说比预期的低很多）那就要调查 DMA 是否在正确地起作用。以上表 5-1 中提到的几点可以作为核查清单以确认低的泄漏是真实的，把账面泄漏调低而不是调高。

5.8.3 漏水频率高

即使所有的明显泄漏都已经成功地定位和修复，泄漏的降低也可能是很短期的。这是管网状态恶化的信号，当修复漏点后压力升高。有两种解决方案：

（1）管网改造：

管网改造是成本最高的解决方案。只有在水价很高的时候这样做才具有经济上的合理性。不过这样做就意味着完全消除了漏水的可能性。在改造部分最糟糕主管时要注意，使得未更换的原有主管的泄漏不至于增大。

（2）压力控制：

压力控制是既有效又经济的解决方案。它牵涉在 DMA 的入口处安装减压阀（PRV），不但可以全程为管网提供最优的压力，还可以在维持管网初始工作压力不变的同时自动补偿泄漏修复后流量的降低。经验表明这样做即使在水压很低的管网中也可以极大地降低漏水频率。不过理想条件是单一水源供水和精心设计的主管道，在严重的情况下，也不能排除更换某些主管道。

5.8.4　总结

所有检测到的漏点都应该修复。修复的日期和时间要做好记录。修复应该是看得见的，可以做出泄漏量的粗略估算。在修复前后进入 DMA 的流量和夜间最小流量的变化要做好记录。AZNP 应该受到监测。泄漏定位和修复流程有几种可能的结果，如表 5-2 所示：

泄漏修复的结果　　　　　　表 5-2

序　号	结　果	改善措施
1	检测到漏点并已修复：夜间流量下降的量符合预期	不需要
2	检测到漏点并已修复：夜间流量下降的量低于预期	进一步调查夜间用水，调查压力降低的可能性
3	检测到漏点并已修复：夜间流量没有下降或反而增加	考虑对主管道/供水管道进行更换，在 DMA 中查找新的漏点，调查压力降低
4	检测到漏点并已修复：夜间流量下降之后又上升	在 DMA 中查找新的漏点，调查压力降低，考虑对主管道/供水管道进行更换
5	在夜间流量损失高的很长的主管道上未检测到漏点	进一步调查夜间用水，调查压力降低，考虑对主管道/供水管道进行更换

在泄漏没有实质性下降的所有情况中，考虑压力控制，因为它对于漏水频率以及现存漏水和泄漏损失都是有效的。管网改造是消除泄漏问题最可靠的方法，但性价比通常很差。

6 分区定量管理与考核

6.1 管理结构调整原则

DMA 的引入，从直接做法和表象上来看，是在管网上增加了常设的泄漏控制系统、爆管预警系统，是漏损控制、产销差控制、水损检测工作，根据中国的现实情况，这实际上是对 DMA 价值的一个误区。DMA 分区管理和我们日常的检漏队伍的检测工作有本质上的区别。DMA 管理的功效不仅仅在于有计划定量控制漏损，保证持续、稳定地降低漏损，把漏损水平维持在我们要求的范围之内，而更主要的是引入了一套适应市场经济机制的新的管理理念、管理方法、管理模式、管理结构及其相应的运营管理流程。

回想一下这些年我们在漏损控制方面的经验教训：尽管这么多年有很多水司在坚持检漏，但漏点复原率居高不下，甚至产销差率反弹比较高，仍然做不到稳定和持久的控制。最根本的问题是我们虽然做了大量的工作，但却没有从根本上把这个问题和日常工作的管理、运营管理、管理结构的调整和管理机制的改善紧密结合起来。

6.1.1 管理理念

（1）我国有相当部分自来水公司的管理结构、管理机制是否延续了原有的计划经济组织结构、管理结构设置的思路。在组织结构设置的原则上，可以说在思路和意识上与充分考虑还有偏差。是否做到以经济效益最大化作为管理结构设置的基本原则，而且是否做到保证安全供水、服务民生。

（2）在管理机制和运营管理的导向理念方面，在管理机制上是否是以经济效益和市场为导向；在运行管理方面导向依据是定性还是定量；在运营管理的重点和服务层面上是否以数据为导向。

（3）在管理的手段和方法上，是否建立了定量的绩效考核体系；在考核中不断总结经验完善新的管理机制和体系。

（4）在产销差和漏损控制的管理上是否实现了真正的定量管理而不是定性管理。

（5）比如是否把管网管理与计量管理结合起来。

（6）是否把经济目标和管理者的责、权、利直接和产销差、漏损定量控制结合起来。

（7）是否充分发挥了产销差控制系统分析工程师的作用和功能，及时发现漏损，包括无计量水费、偷水、人情水，及时改善计量器具的精度、及时维修或更换阀门或水表等影响产销差的有关因素。

（8）在管理结构的调整中是否充分注意到管理协调的时间效率，因为它直接影响漏损量和产销差量，直接影响售水收益。

6.1.2 管理结构

管理结构见图 6-1。

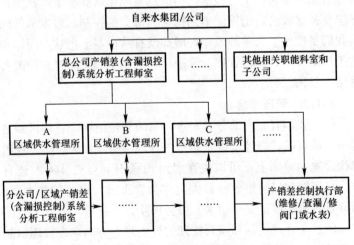

图 6-1 管理结构图

6.1.3 结构调整

（1）供水区域管理所建制数量的原则：

1）可以把一级 DMA 的数量作为区域供水管理所数量；

2）或以供水量为主体，一个或几个一级 DMA 合并或单独 DMA 建制；

3）一般情况下不建议把管网长度作为供水所建制原则，因为我们的指导思路是持续、稳定、保障供水收益率的不断提高和产销差控制的良好水平，管网长度和供水收益率未必一定匹配。

（2）区域供水管理所的责、权、利：

1）全权管理区域内的管网供水、售水经营、计量监控系统分析，严格控制产销差、漏水、无计量等一切与水损有关的情况；

2）按照运营管理流程下达产销差控制执行公司具体指令：查漏、稽查偷水、维修阀门或水表、杜绝人情水等；

3）主要任务就是不断提高供水收益率，降低产销差，并执行绩效考核；

4）根据本所运营情况为总公司提出本所下季度或下年的产销差、漏损率、收益率的提高指标；

5）区域供水管理所的收入和其所控制分析所获得的经济效益直接挂钩。

（3）系统分析工程师的位置和任务：

1）系统分析工程师以两级设置为宜。一级设在总公司，以掌控平衡分总公司的水损情况，平衡调度产销差执行部门对各区域供水所下达指令的先后执行情况。第二级设在各区域供水所，以便按照运营流程，分析平衡协调导向本区域的水损控制先后，并具体实施向产销差执行部门下达具体执行控制指令。

2）系统分析工程师的任务、个人收入和其在所控制分析所获得的经济效益直接挂钩；尽管如此还需要强的技术水平和责任心。

（4）产销差控制执行公司的职责，该公司和区域供水所是平级，但任务和职责不同：

1）为了减少水损时间、提高效益，建议把维修和漏水检测队伍合为一体，他的任务就是接受和执行来自于总公司或区域供水管理下达的与水损相关的事宜（包括检测漏水、减低产销差、控制漏损、处理漏水阀门、计量误差等有关器具的替换更新，稽查杜绝一切偷水、人情水等造成供水经济损失的原因）；

2）本公司的收入来自于杜绝这些水损的效益。他们的考核指标以区域供水所提出的水损数据为依据，如果达不到区域供水所提出的要求就是扣除收入的依据，所以这就要产销差执行部门有一定的技术水平、执行力度和执行时间效率。时间计算可以从接到通知起计算直至维修，要客观地遵循一个允许最短时间；

3）该公司要和 GIS 系统结合，维修信息做好相应记录，包括 GIS 信息系统有关数据的修改，一方面始终保持 GIS 信息系统和实际一致，同时以备提出管网改造的规划或计划。

（5）新调整的部门之间需要注意处理好以下几个问题：

1）要把 GIS 的部分应用和维修相结合；

2）爆管预警系统或压力控制管理的建议提出应该是系统工程师的任务之一，但是否要这么做应由总公司 DMA 的设计部门统筹决策，但决策依据一定是建立在两级系统工程师的数据分析的基础上；压力控制的实施机构应与 DMA 的实施机构一致；

3）水力模型的应用部门应该直接对总公司负责，和系统分析工程师共同分析安全供水，并根据漏水复原频率提出管网改造的建议；

4）完善 SCADA 系统，适当的时候应该把主干管或重要管段的漏损预警、爆管预警和 SCADA 系统有机整合，由总公司系统分析工程师分析提出监控重点，以收到更好的效益。

6.2　绩效考核体系

6.2.1　考核依据

新的考核体系主要有供水量、售水量、产销差量、漏损量、实际销售收入，产销差率、漏损率、供水收益率等八个数据。

这八个数据涉及五个量，三个派生数据。这五个量与计量、抄表、水费回收、无计量用水、偷盗用水、人情水、物理漏失，还有管网附件或设施的维修管理等有关。这些数据实际上反映的是一个综合管理问题。我们新的管理组织架构的设置正好是针对这些问题，一般由两级管理三个部门组成：一是总公司增设系统分析工程师岗位；二是设置区域供水管理公司；三是设置或调整产销差控制执行公司，这三个部门要互相合作、平衡协调，以数据为依据，统筹分析，综合解决问题。

6.2.2 三率加权

实施考核体系的前提是区域供水管理所建立在以量化数据为基础的供水管理、供水销售、供水产销差计量分析监督、控制为一体的精细化管理机构。保障安全供水、稳步提高经济效益是其主要任务，所以经济效益是考核的核心指标。

所谓三率加权的计算方法是：区域供水管理绩效指数，按如下计算：

（1）区域供水管理绩效：

区域供水管理绩效 BP ＝供水收益指数×权重系数1

＋产销差控制指数×权重系数2

＋管网漏损控制指数×权重系数3

其中，权重系数是各总公司或集团公司自行设定。这里假定权重系数1、2、3分别为 0.65（65％）、0.20（20％）、0.15（15％）。

（2）供水收益指数：

供水收益指数 ＝（单位供水收入／平均水价）×100

其中， 单位供水收入（元／t）＝销售收入／供水总量。

（3）产销差控制指数：

产销差控制指数 ＝（实施前产销差控制率－实施后产销差控制率)/

（实施前产销差控制率－控制目标率)×100

其中，

实施前产销差控制率 ＝（产销差量／供水总量）×100％

$$产销差量 = 供水总量 - 售水总量$$

实施前产销差控制率 > 控制目标率。

（4）管网漏损控制指数：

$$管网漏损控制指数 = （实施前漏损控制率 - 实施后漏损控制率）/$$
$$（实施前漏损控制率 - 控制目标率）×100$$

其中，

$$管网漏损控制率 = （管网漏损量 / 供水总量）×100\%$$

实施前漏损控制率 > 控制目标率。

7 术语解释

主动检漏（ALC） 检测和修复暗漏的过程，与被动检漏相对应。

区域夜间平均压力（AZNP） 最小夜间流量期间，一个区域内适当加权平均压力。

感知时间 从暗漏发生到供水企业知道存在漏水之间的时间。

背景泄漏 泄漏组成中不受主动检漏影响的部分，这通常是由很小的漏点组成的。

串接 为 DMA 供水的一种方法，水穿过一个 DMA 进入另一个 DMA。使得有些 DMA 必须安装一个以上的监测设备，这种情况最好能避免。

用户夜间用水 用户在最小夜间流量期间的用水。

DMA 供水管网内一个小的计量区，是 District Metered Area 的词头缩写。

冲洗 通过打开消防栓（水龙头）或清洗口在管道中引入大流量的水用于管道清洗。

水力学平衡点 在一个由多个水塔供水的复杂管网中，在分配主网中存在这样的点，由于不同的路径都在不同方向向用户供水，该处的流量在给定时间接近零。在这样的点处关闭阀门引起的不连续很小，常常适合作为分区或 DMA 的边界。

基础结构 配水网的物理构件，一般不包括电气部分。

漏水量 从构成水网的管道或水池的漏洞泄漏的水。

定位时间 从供水企业知晓存在漏水到找到漏点所用的时间。

水损 损失可分为账面损失（计量误差和未授权消费）和实际损失。实际损失相当于主管道和连接点的漏损、蓄水池溢流以及水处理厂的最小夜间流量。在最小流量期间进入计量区的净流量，这个时间间隔一般是 1h。

夜日因子（NDF） 夜间流量损失（由 1h 内最小夜间流量计算得到）乘以这个因子得到日平均漏水量。由于白天压力较低 NDF 一般小于 24。

被动检漏 通过修复看得见的并向供水企业报告过的漏点所实现的漏损控制。

PRV 减压阀

漏水复原频率 两次主动检漏周期之间漏水量随时间增加的速率。通过分析长期流量和修复记录就可以测量。通常用升/连接点/天/年表示。

修复时间 从水企业找到漏点到修复完成所用的时间。

明漏 水企业不需要检测就可以获知的漏水。一般是表面就可以看到或用户发现断水而报告的漏水。

暗漏 用主动检漏才可以发现的漏水，用被动检漏无法发现。

漏水时间 从发生漏水到完成修复的总时间。

小区 配水网的一部分，通常比单个 DMA 要大得多并且由清晰的自然或人工边界（如河流，铁路）来定义。

逐步测试 发现漏点位置的一种测试。在流量监测之下。由一个流量计供水的区域的几个部分被逐步地隔离开。每次隔离后流量的减少用来识别那个被隔离小区的漏水量。

零压力测试 辨识区域边界是否密闭的一种测试。供水系统中的一个地区通过关闭边界阀就可以隔离开来。如果被监测的压力下降到零则说明边界是密闭的。

8 分区定量管理在中国的实践

以下列举了九个案例，其中部分案例在实施 DMA 管理中已经取得了良好的经济和管理效益，部分正在实施中的案例侧重于说明实施方案、实施流程和新的运营模式。

8.1 天津市供水系统分区计量的方法与管理

城市供水从出厂到用户的供与销过程中，受多种因素的影响，有相当比例不应有的水量损失，浪费了宝贵的水资源，严重地影响着供水企业的经济效益和社会效益。因此，如何降低城市供水的供销差率，一直是国内外供水行业十分关注的问题，人们都在积极分析原因、研究对策。以天津市自来水集团有限公司对供水系统实行的分区计量管理为例，阐述供水系统分区计量的方法与管理。

供水企业的管网运行维护管理以及营业销售管理（下简称运营管理）历来是供水企业生产经营管理的一个高风险区（供销差带来的企业经营亏损问题、服务纠纷带来的政府公益性事业形象问题、管网漏损爆裂）。随着城市供水规模的不断扩大，沿用传统的供水运营分专业条状管理的运行模式，已不能有效地解决和处理当今供水运营管理中日益突出的问题，供水企业生产经营的风险也随之增大。

随着改革开放的不断深入，集团公司也被推向市场经济大潮中，在这种形势下，集团公司领导把优质供水、安全低耗作为服务宗旨的同时，着眼于经济核算。集团公司的供水产销差率，也一直是历届领导非常关注的难题。降低供水产销差率主要的方法：

一是通过供水系统分区计量划小核算单位。掌握各供水区域的供水量和用水量差值，在此基础上，通过有效的手段进行有针对性的测漏工作，同时确定出人为因素造成的损失水量和公用水量，可以有针对性地加强管理、堵塞漏洞，提高管理水平。

二是提高供水用户计量仪表的科技含量和精度。采用智能化较高的流量计，解决机械表始动流量不计量问题。

计量数据通过 CDMA 或 GPRS 无线网络做到实时传输，发现问题及时解决，既提高了供水用户计量仪表的科技含量和精度，又减少了人为因素影响机械水表计量（如拨、砸、调、倒、人工查验不准等）事故的发生。

这里所说的供水系统分区计量，是在供水管网上安装流量计将整个供水系统划分成若干个供水区域，即划小供水管网系统管理单元，对各区域分开管理。为管网管理与营业管理合并进行职责的重组与再造，实行供水管网系统和营业收费分区化计量管理，使供水企业的运营管理由原来营业、管网分开的粗放式管理，逐步实现营管合一的数字化精细管理。分区计量是供水区域化管理的基础，对管理区域内流进的自来水总量和贸易销售实际的水量实施量值的一种管理方法。以此来了解和掌握各区域内需水量、供销差、漏失量、未收费水量等因素。从而降低产销差率，降低供水企业供水运营中的经营管理风险。

8.1.1 制定天津市供水系统计量规划

（1）天津市供水系统现状：

现有三座大水厂，总产水能力 200 万 m³/日。其中新开河水厂 100 万 m³/日，芥园水厂和凌庄水厂各为 50 万 m³/日。全市供水管网总长为 3688km，供水服务面积为 480km²。供水范围基本是在市区的外环线范围以内，少量管道延伸至外环线以外的郊区，其中西至西青区、静海，东至东丽区、大无缝钢管公司，南至西青开发区、临港工业区，北至北辰区，市中心城区供水管网已成体系，为充分发挥中心城区供水能力，现正实施向周边地区辐射。

（2）分区计量的方法：

供水系统分区计量管理对一个较大规模的供水企业来讲并非是一件容易的事，它是一项艰巨而又复杂的工程。我们以天津市供水管网布局为基础，充分运用已有的成熟技术，按照科学的发展观进行方案的设计和可行性论证，合理地确定分区边界。

就天津市供水管网现状情况和地理条件，我们考虑利用供水管网区内的天然屏障或城市建设中后来形成的人为障碍作为区域边界，尽可能减少跨区域的输水干管，以计量管道数越少越好为原则，因此，综合考虑水利与地理条件，确定了以天然的河流及铁路作为分区的界限，以海河、北运河为界将天津市供水系统一分为二，形成市南营业分公司和市北营业分公司。以市南营业分公司区域内的津河、南运河、卫津河、复兴河、复康路为界，需要安装 65 具计量仪表，形成市南营业分公司 7 个供水区域；以市北营业分公司域内的新开河、月牙河、京山线铁路为界，需要安装 42 具计量仪表，形成市北营业分公司 6 个供水区域。共计 13 个供水区域。

（3）天津市供水系统计量规划：

2002 年集团公司制定了天津市供水系统计量规划，规划中提出了天津市供水系统建立三级计量管理体系。一级为集团公司所属公司级区域计量；二级为供水营业公司所属分区计量；三级为供水营业公司所属住宅小区计量及用水大户计量。进而准确分析、评价整个管网的水量漏失和水费回收率等诸多因素。天津市供水系统计量规划图见图 8-1。

一级计量指水源厂、新开河水厂、通用水务有限公司、泰科水务有限公司、市南营业分公司、市北营业分公司、西青分公司、津南水务有限公司、空港水务有限公司、临港水务有限公司、静海水务有限公司等单位的区域计量。

二级计量指市南营业分公司、市北营业分公司所属范围内的分区计量，即市北 6 区和市南 7 区，共计 13 个区域。

三级计量指营业分公司所属住宅小区计量（考核表）及用水大户计量。

8.1.2 计量仪表的选择

选择成功的计量仪表不仅涉及计量工作的有效性，更关键的是供水系统区域计量管理工作的成功性，是一个极其重要的技术环节。据近年来市场统计资料显示，应用量最大的是差压流量

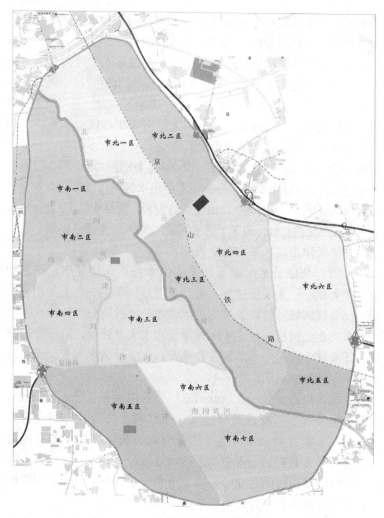

图 8-1 天津市供水系统计量规划图

计、容积式流量计、电磁流量计、浮子（转子）流量计、漩涡流量计、涡轮流量计、超声波流量计、质量流量计。因此，我们在计量仪表的选择上大体从以下几个方面考虑：

（1）运行稳定、可靠，且有成熟使用经验的。

（2）满足供水管网低流速状态，始动流速低、计量精度高的要求，且能实现双向计量。

（3）具备数字信号无线传输接口或配备有数字信号无线传输功能的。

（4）防护等级 IP68 潜水型，满足一定恶劣条件下的防腐要求。

（5）售后服务业绩好、价格合理的。

经集团公司相关部门对常用流量计各项指标的综合比较，确定选用 Emag 电磁流量计。

8.1.3 实施步骤及管理

（1）第一步：

2003 年通过沿海河、北运河过河管加装流量计，将现状供水系统一分为二，形成了市南与市北两大区域。

2004 年管理模式是，管网分公司负责整个供水系统管网的维护与管理，市南营业分公司负责市南区域内营业管理、市北营业分公司负责市北区域内的营业管理。2004 年对这两大区域所属的产销差率进行了考核，总的差率指标与 2003 年同期相比下降了 1.39%，节约水量 466 万 m^3。其中：市南比市北低 2.51%，折合水量 346 万吨。

（2）第二步：

2005 年按计量规划，对市南营业公司七个区域实施了计量工程，共计加装了 65 具计量仪表，形成了南一区、南二区、南三区、南四区、南五区、南六区、南七区。

2006 年的管理模式是，将南一区和南二区内的管网管理、营业管理合并，形成红桥营销分公司，承担该区域内的产销差率指标考核，作为集团公司以区域计量为基础的营管体制合一的试点。

管网分公司负责除红桥营销分公司管理以外的整个供水系统管网的维护与管理，市南营业分公司负责除红桥营销分公司管理以外的市南区域内营业管理，并以区域计量为基础，形成四个营业所，即多伦道营业所（南三区）、四纬路营业所（南四区）、亚中营业所（南五区）、绍兴道营业所（南六区和南七区）。市北营业分公司负责市北区域内的营业管理。并以区域计量规划为基础，形成四个营业所，即：北辰营业所（北一区和北二区）、新开路营业所（北三区）、靖江路营业所（北四区）、东丽营业所（北五区和北六区）。

2006 年按照三种运行模式进行管理，从一年的产销差率考核来看，总的差率指标与 2005 年同期相比下降了 4.99%，节约水量 1789 万 m³。其中：红桥营销分公司比市南低 4.49%，市南比市北低 2.21%，红桥营销分公司比市北低 6.7%。

（3）第三步：

通过 2006 年对三种运行模式的管理，证明了实施以区域计量为基础的营管合一的体制，能够给企业带来更好的经济效益和社会效益，集团公司上下思想统一，坚定改革创新的信心。

2007 年管理模式是，在市南区域范围内，全部实施以区域计量为基础的营管合一的体制改革，成立了 5 个营销分公司：第一营销分公司管理范围是南一区和南二区，第二营销分公司管理范围是南三区，第三营销分公司管理范围是南四区，第四营销分公司管理范围是南五区，第五营销分公司管理范围是南六区和南七区。市北区域范围内着手实施区域计量工作，管网分公司只负责市北区域范围内的管网维护管理，市北营业分公司负责市北区域范围内营业管理工作。

8.1.4　计量数据采集与管理

（1）计量数据采集

针对天津市区域计量的数据采集点多且分散，以及野外环境条件差的特点，在考虑成本的前提下，建立了无线数据采集系统。

无线数据采集系统采用 GPRS 和 CDMA 通信技术手段，GPRS 和 CDMA 可以在用户和数据网络之间提供一种连接，给用户提供高速无线 IP。GPRS 和 CDMA 采用分组交换技术，每个用户可以同时占用多个无线信道，同一无线信道又可以由多个用户共享，资源得到有效利用，数据传输速率高达 160kbps. 使用 GPRS 和 CDMA 技术实现数据分组发送和接收，用户永远在线且按流量计费，降低了服务成本。

在每个计量数据采集点均设立一个电控柜（子站），RTU 通过流量计二次仪表的 232 通信接口采集数据，由 DTU 每小时向计量中心（主站）发送一次，数据收发完自动断线（图 8-2）。

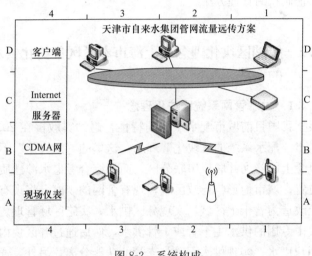

图 8-2　系统构成

（2）计量数据管理

在计量中心建立数据采集、管理软件系统，数据采集软件能够根据使用要求，做到自动实时寻检采集和手动采集，并编制各种需要的报表及打印。计量中心设专人每天对采集的计量数据进行分析、汇总，发现异常及时通知维护人员进行维护，确保计量数据的准确性。

按照公开、公平、公正的原则，各营销分公司、营业分公司通过因特网登陆计量中心网址，可实时查看该区域的进水量，发现进水量过大及时查找原因，堵塞漏洞。

8.1.5　结束语

天津市是全国范围实行供水系统区域计量较早的城市，供水系统分区计量管理是当今供水企业运营管理工作的全新模式。对营管合一管理体制的改革，在全国是无先例可参考的，在无经验可循的情况下，只有一步一个脚印、分阶段地进行，它带来的将是供水企业运营管理体制的创新，对降低集团公司的供销差率将起到实质性的作用，提高企业的经济效益和社会效益，也将催生出供水企业新的管理方法。

8.2 管网区块化理念在上海市奉贤区集约化供水中的实践

8.2.1 供水管网系统区块化理念

根据我国目前城市配水系统的特性，赵洪宾教授在 2001 年率先提出"配水系统的区块化"理念，这里的"区块化"不同于一般概念上的管网并联或串联分区，而是综合考虑水源性质、数量、位置，城市地形与行政区域，现有管网的规模，将现有的管网系统改造为若干个区域，实现分区供水，实施区域管理。并且各区块由专用的供水主干管或干管供水，然后通过各区块内的支管向用户供水，实现供水干管与支管的功能分离。另外，通过在各区块内设置管网监测设备，可以对各区块的水量、水压、水质进行监测，从而实现对配水系统的水量、水压、水质的有效管理，为保证供水安全性，在临近的区块间（大区和大区之间、中区和中区之间、小区和小区之间）设置应急联络管，详见图 8-3。

在此基础上，2002 年提出在管网微观动态模型的基础上进行给水管网分区，然后用模型指导管网分区的运行操作；2003 年详细阐述了管网分区方法，包括建立管网微观模型、设定分区阶层、确定区域规模、设置区域边界和进水点、区域规整以及分区方案评估等；2007 年提出了给水管网实用优化分区的概念，在分区的基础上再通过水力模拟计算进一步确定其合理性并完善方案；2008 年赵明系统总结了管网区块化的概念和实施方案，提出了管网阶层化理论，详见图 8-4。

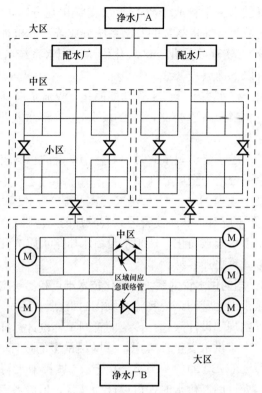

图 8-3　配水系统区块化概念

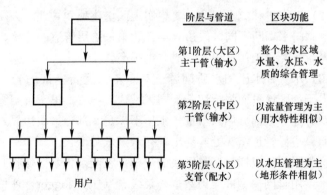

图 8-4　配水区块的阶层化构造（3 层）与各阶层的功能

提出将供水主干管或干管与给水支管相互分离，并根据地形、行政区域等特性将复杂的管网系统分成若干个相对独立的区域（子系统），实现阶层化、区块化供水。配水系统阶层化后的区块化具有以下优点：

（1）由于供水主干管或干管功能简化（仅肩负向其他区域输水的功能，相当于高速公路，水龄减少），局部水头损失减小，节省能量；

（2）某一子系统出现事故时，对整个系统的影响较小，从而提高了整个系统的安全可靠性；

（3）城市规模的不断扩大要求管网扩建时，仅靠增建小区（或中区）即可应对，从而使管网具有较强的适应性；

（4）由于系统被简化，便于水量、水压、水质的管理，同时系统的模拟计算更加容易。

8.2.2 国内供水管网系统区块化技术难点和易实施范围探讨

国内城市供水管网系统实施区块化的难点包括：

（1）管网规划设计问题：传统的管网工程设计标准没有区块化的理念，出于供水安全性考虑，管网尽量多的成环，《室外给水设计规范》（GB 50013—2006）规定："城镇配水管网宜设计成环状，当允许间断供水时，可设计为枝状，但应考虑将来连成环状管网的可能"。

（2）工作量和成本问题：要想实现区块化独立管理，必须安装大量阀门来切断不同区块边界第二、第三阶层管道的连接，安装边界流量计，工作量很大，成本也很高。

（3）水量、水压和水质问题：对于本来运行良好的管网系统，出于分区计量而强行切断不同区域边界第二、第三阶层管道连接，可能导致部分用户水量、水压不满足，部分区块边界处水质变差。边界管道堵头处容易出现死水，水龄变长。

这些限制可以通过调整区块的规模、在间歇供水区域临时恢复供水、用管网模型或压力数据采集装置（压力 logger）评估用户用水压力以及组织教育和培训来克服，水质问题可以通过定期的冲洗计划或重新设计区块边界来克服。

而对于新建城市（如地震后管网重建、重新规划管网）或乡镇供水系统城乡一体化改造（把各独立乡镇的第一阶层管道互相连接，第二、第三阶层管道不要连接）可一步到位规划好管网区块化布局并实施。因此，管网区块化技术尤其适合乡镇供水系统的集约化改造，因为集约化之前各乡镇供水系统是相互独立的，天然形成区块条件。

8.2.3 奉贤自来水管网区块化的实践

奉贤区位于长江三角洲东南端，地处上海市南部，南临杭州湾，北枕黄浦江，与闵行区隔江相望，东与南汇区接壤，西与金山区、松江区相邻。面积约 704.94km^2，人口约 80 万人，目前已基本完成了市政输水管与原乡镇水厂出厂水管的衔接和原乡镇水厂集约化供水的切换工作，实现全区城乡供水一体化的供水格局：黄浦江原水取代了就地取水，彻底改善了供水水质。供水能力达到了 45 万 m^3/d，其中上水奉贤公司下属第一水厂供水能力 5 万 m^3/d，第二水厂供水能力 10 万 m^3/d，第三水厂供水能力 30 万 m^3/d。

奉贤区原各乡镇水厂负责各自所属社区的供水，乡镇间管网系统相对独立，彼此不互通，供水安全责任自负。上水奉贤公司以改善供水水质、满足地区用水需求为目的，对各乡镇水厂进行接管并实施切换，坚持远近结合、科学合理、经济可靠的原则，积极开展奉贤区供水城乡一体化管网系统的改建。目前已基本改善供水能力不足、水质不理想等问题，形成较为完整的奉贤区一网两片供水体系。首先，围绕第一、三水厂形成西片供水环网，围绕第二水厂形成东片供水环网，东、西两大供水区域间设连通管，相互接通，形成了供水管网总环（即第一阶层管道连通，见图 8-5）。关闭原乡镇水厂，改造成加压站，从第一阶层总环向各乡镇管网供水（图 8-5 中的馈水表用来计量从总环供给各乡镇的水量，从而可实现多级水平衡测试，控制产销差）。

通过在各原乡镇社区外围建设形成大的供水管网总环，保留

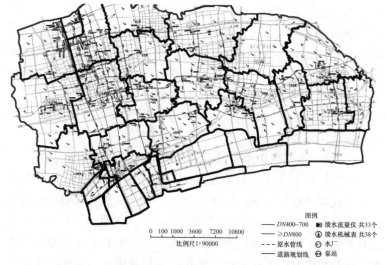

图例

—— DN400~700　　　▣ 馈水流量仪 共33个

-- ≥DN800　　　　⑪ 馈水机械表 共38个

--- 原水管线　　　　⊞ 水厂

—— 道路规划线　　　◉ 泵站

0 100 1000 3600 7200 10800

比例尺1:90000

图 8-5　奉贤城乡管网第一阶层管道拓扑结构

原乡镇水厂的出厂管网系统，并将原乡镇独立的管网系统挂接在供水管网总环上（不同乡镇边界第二、第三阶层管道尽量不连接或少连接，只设置必要的应急连通管），形成了适合奉贤城乡特点的总分结合、环枝并举、众星捧月式管网拓扑结构，大大提高了供水运营的可靠性。同时，采用区块化管理后，通过多级水平衡测试（各水厂出厂水量和总环内用水量与馈水量间的水量平衡，各乡镇馈水量与乡镇用水量间的水量平衡），明确了总产销差和各乡镇的产销差，乡镇管网多为树枝状，通过逐级装水表或流量仪，可明确乡镇内各村的产销差，通过逐级的水平衡测试，把产销差控制绩效考核明确到个人，通过各区块的漏损控制和管理措施，供水产销差明显降低，由于第一阶层管道起到高速公路的作用，水龄减少，管网水质明显提高（表 8-1）。

2005～2009 年产销差率和平均浊度　　　　表 8-1

年份	2005	2006	2007	2008	2009
供水产销差率（%）	46	38	34	29	26
管网水平均浊度（NTU）	0.90	0.54	0.29	0.27	0.25

管网区块化理念还必须辅以相应的管理技术，才能产生最大的效益。2006 年以来，上水奉贤公司建立了以乡镇社区为核算单位的承包经营管理制度，实行内部核算体制。对以管网区块化为基础的多级水平衡实施严格的管理制度，逐年降低了因管理因素带来的产销差，管网水质也逐年改善。

8.2.4 结语

"十二五"期间，为加强郊区集约化供水工作的组织、协调和推进，上海将"五措并举"，推进集约化供水这一民生实事工程。上海正在全面推进城乡统筹供水，到 2015 年年底前，全市将基本实现城乡供水公共服务的均衡化，城市居民和乡村农民都能喝上更安全、更优质的自来水。城乡统筹管网布局和城市管网布局各有特点，而区块化供水是未来供水的大势所趋。实现以乡镇为大区，乡镇内部又分中区、小区的区块化供水格局，有利于管网水压均衡；与上海中心城区密如蛛网的管网系统相比，奉贤目前已经成型的管网区块化模式更容易实现多级水平衡测试，明显降低了管网漏损；在满足用水需求前提下，可适当降低第一阶层管道输水压力，到达各乡镇后再通过泵站（原乡镇水厂改造成加压泵站）加压后供给用户，达到节能的效果，同时压力降低对减少第一阶层输水管道漏损也有帮助。

8.3 南昌水司 DMA 管理

8.3.1 南昌水司简介

南昌水业集团始建于 1937 年。现日供水能力 136.5 万 m^3，供水管网 2900 余公里，供水范围东至瑶湖，西进湾里，北延乐化，南达莲塘，供水服务人口近 280 万。

8.3.2 南昌水司 DMA 概况

（1）DMA 项目建设：

现 DMA 片区计量工程共完成 19 台插入式流量计、10 余台管道式流量计、3 台远传模块及 50 台远传水表的安装工作，自 2012 年年初至 2014 年年底共完成 20 台插入式流量计、50 余台管道式流量计、100 余台远传水表的安装工作，共成功建立 11 个一级片区与 80 余个三级小区，并依据数据指导测漏部门找出漏点 100 余个，节约水量 604t/h。

现 DMA 片区计量工程已见成效，必须继续加强对全市 DMA 片区的建设，为有效查找漏损管网和科学分析供水管网运行状态提供科学、可靠的数据支持。

（2）2013 年 DMA 工作目标：

一是完善长埠营业处、双港营业处的 DMA 一级片区计量管理工作。二是依据公司 DMA 小组及各个营业处的意见划定 DMA 二级片区与三级片区。力争 DMA 二级片区产销差率降至 18% 以下，三级片区产销差率降至 15% 以下。

8.3.3 南昌水司已建立的 DMA 片区

2012 年与北京埃德尔公司合作 DMA 片区试点，并组建 DMA 工程师室，应用"十二五"水专项课题"供水管网漏损监控设备研制及产业化"中的核心技术"供水管网 DMA 分区定量漏损监控管理系统（简称 wDMA）"，对以下 40 多个区域进行了监控（图 8-6），取得了明显的经济效益。

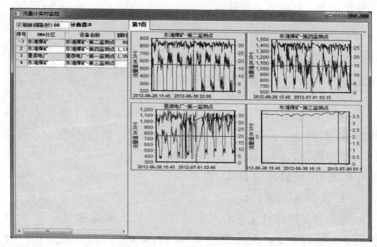

图 8-6　流量监控画面

（1）选取南高片区、瑶湖片区、朝阳片区、江纺片区、昌南片区、罗家片区、凤凰洲片区、105国道片区、320及望城片区、经开区、白水湖（双港）片区、长堎工业园片区等12个片区与监控点：瀛上桥，新建县迎宾桥进行29台大口径流量计的安装。

（2）江纺片区、凤凰洲片区、南高公路片区作为重点实行二级小区DMA管理试点，安装50余台远传水表。这三个片区相对管路简单水流易控、管道基础资料较全，建立系统容易快速完成流量计的安装和远传监控水表的安装。

（3）组建DMA系统分析工程师室，配备专业技术人员，推动DMA的运行。

（4）在全市280个小区楼盘安装远传水表，建立二级DMA。

管网平面图见图8-7，具体地，凤凰洲片区管网见图8-8，南高片区管网见图8-9，江纺片区管网见图8-10。

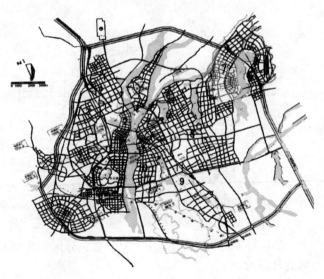

图8-7　管网平面图

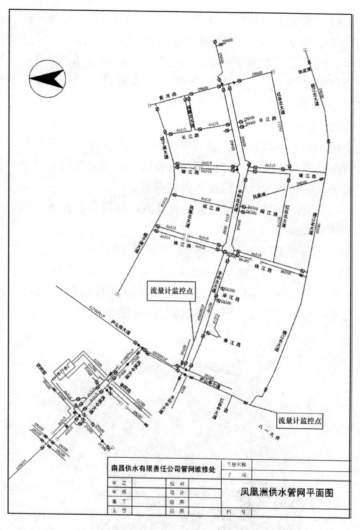

图 8-8 凤凰洲片区管网平面

图 8-7 中，第 2 分区为凤凰洲片区，第 9 分区为南高片区，第 6 分区为江纺片区。

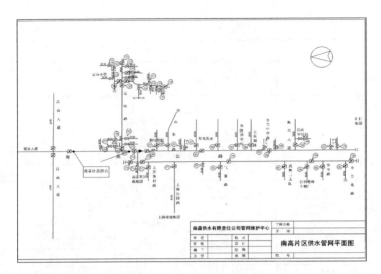

图 8-9　南高片区管网平面图

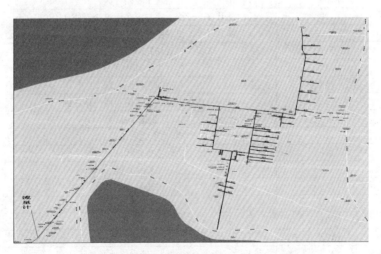

图 8-10　江纺片区管网平面图

南昌水司 DMA 分区表（表 8-2）：

南昌水司 DMA 分区表   表 8-2

序 号	区 域
001	南高片区
002	凤凰洲片区
003	江纺片区
004	经开片区
005	双港片区
005001	白水湖—洪都监狱方向 PE500
101	朝阳区
102	新建县蔡家桥
103	新建县—迎宾桥监控点
104	望城片区
104001	望城加压站—云湾路口（湾里供水管道）
105	昌东片区
106	瀛上桥片区
107	105 国道片区
108	长堎工业园片区
109	岭口路片区—学府大道与丰和大道交界处（PVC300）
110	洪城路江拖住宅片区
111	江纺花园路片区
112	中大路片区
113	江纺东三路片区
114	江纺东一路、东二路、西一路片区
115	硅酸盐厂片区
116	南电光明小区
117	七里村片区
118	王安村片区
119	安山村分区
120	澜花语岸分区
121	港行小区分区
122	鸿达投资分区
123	金桂花园＋赣发房地产分区
124	金融职大分区
125	阳光乳业＋印刷厂分区
126	龙岗花园片区
127	PMF瀛上桥

序　号	区　　　域
128	新长垅工业园片区—工业大道口
129	新建县工业大道与红湾路口监测点（$DN400$ 加州溪谷门口）
130	双岭村片区—双岭村（卫国小学）$DN300$
131	港口新村一期
132	鸡山村一期
133	鸡山村公寓楼
134	青山湖小区
135	尤氨路监测点

8.3.4　DMA案例

（1）七里村三级小区 DMA 管理实例

七里村共有两路进水并且安装两台远程水表，平常夜间最小流量为 3t 左右。DMA 小组人员分析发现其远程水表夜间最小流量数据在 2012 年 9 月 11 日突变为 $78m^3/h$。探漏公司立即前往此处排查并于当天下午找到漏点。

2012 年 9 月 12 日上午设施维护中心立即前往此处维修并发现是 $DN63$ 管断裂，当天下午顺利修复此漏点。2012 年 9 月 13 日设施管理中心 DMA 小组人员再次观察远程水表分析系统，分析其夜间最小流量已经下降至 $4m^3/h$。

按 $73m^3/h$ 来算一个月可节约 52560t 水，一年可节约 630720t 水。

2012 年 9 月 11 日下午测漏人员对七里村小区进行漏水点定位，2012 年 9 月 12 日开挖后的漏水现场见图 8-11。

（2）望城二级片区 DMA 管理实例

DMA 小组工作人员通过 DMA 远传系统分析望城片区的夜间流量高达 $535m^3/h$（图 8-12）。昌北测漏中心与昌北维护中心前往此处排查，当夜凌晨在创业南路 $DN400$ 的球墨管和 PE 管连接处发现漏点并修复，现夜间流量由 535t 下降至 310t，每天可节约 5400t 水，一个月可节约 160000t 水（图 8-13）。

图 8-11　漏水现场照片

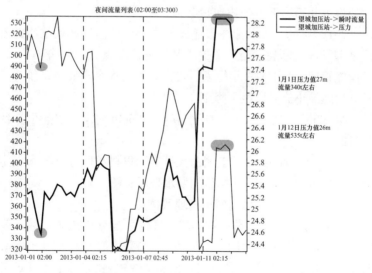

图 8-12　漏点修复前夜间流量图

从图 8-12 可以看出，漏点修复前的曲线图显示流量不断增

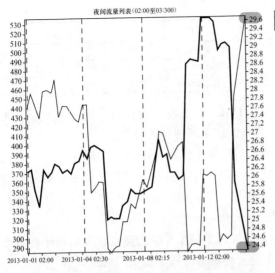

夜间流量列表(02:00至03:300)

望城加压站->瞬时流量
望城加压站->压力

14日漏点修复后压力值为29m
流量在300t左右

图 8-13 漏点修复后夜间流量图

加，压力不断下降。

从图 8-13 可以看出，1 月 14 日修复漏点后的夜里流量下降，压力上升。

望城片区夜间流量统计见表 8-3。

夜间流量统计表（02：00～03：00）　　　　　表 8-3

统计日期范围 2013-01-01 到 2013-01-14

序号	DMA 分区	流量计	整点	阶段流量（m³）
1	望城片区	望城加压站	2013-01-01 02	354.6
2	望城片区	望城加压站	2013-01-02 02	373.1
3	望城片区	望城加压站	2013-01-03 02	376.3
4	望城片区	望城加压站	2013-01-04 02	386.0
5	望城片区	望城加压站	2013-01-05 02	395.3
6	望城片区	望城加压站	2013-01-06 02	321.5
7	望城片区	望城加压站	2013-01-07 02	343.6
8	望城片区	望城加压站	2013-01-08 02	352.9
9	望城片区	望城加压站	2013-01-09 02	391.5
10	望城片区	望城加压站	2013-01-10 02	366.8
11	望城片区	望城加压站	2013-01-11 02	486.6

序号	DMA 分区	流量计	整点	阶段流量（M3）
12	望城片区	望城加压站	2013-01-12 02	535.3
13	望城片区	望城加压站	2013-01-13 02	507.6
14	望城片区	望城加压站	2013-01-14 02	310.4

由此可以看出，wDMA 系统投入运行后取得明显效果，投入产出比相当高，为企业带来可观经济效益。

8.3.5 未来两年南昌水业集团 DMA 工作规划

（1）推进昌南地区一级 DMA 片区的建设。城南营业处及城北营业处在 2013 年完成一级片区方案制定工作，2014 年完成两处一级片区的实施。

（2）推进各营业处二级 DMA 片区的建设。今后每年在每个营业处推进 1～3 个完善的具有考核功能的二级片区。

（3）进一步完善三级 DMA 片区的建设。依据各个营业部门提供的要求，逐步对三级片区进行完善，力争到 2015 年实行对公司既有供水管网的全面覆盖。

（4）将新建小区纳入三级分区建设。今后凡是新建小区及城中村户表安装和管网改造时，都必须安装远传水表或管道式流量计，建立三级分区。

8.4 绍兴水司分区计量管理的应用与实践

绍兴市自来水有限公司是绍兴市水务集团下属的一家国有独资供水企业，已有 51 年供水历史。绍兴市区供水模式为单水源双路重力流供水，现有给水管网 1900 多公里，总体呈环状分布，局部为树状与环状相结合。供水面积 360km^2，供水人口 70 余万人，年供水量 7000 万 m^3，结算用户约 27 万户。

现有在线实时监测点 285 个，其中流量（50 个）、压力、水质点共 96 个，大口径水表远传点 189 个。

近年来，绍兴水司立足自身实际，通过创新管理机制，应用科学技术，实行精细管理等多措并举，建立、完善管网漏损控制机制，管网漏损率从 2000 年底的 24.81% 下降到 2011 年的 3.77%，产销差率仅为 4.08%，下降幅度达 21.04 个百分点。历年漏失水量见图 8-14。

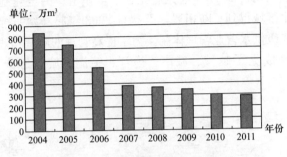

图 8-14　历年漏失水量对比图

绍兴水司产销差率从原来的百分之二十几下降到目前的百分之四点多，实行分区计量是一个重要的手段，分区计量对于无收益水量的发生位置判断、管网漏损的快速查找有着重要意义。

绍兴水司自 2003 年起开始实施管网区域 DMA 计量管理，通过安装流量计和考核表的方式，理顺分区内进水点、用户节点之间逻辑关系，实现供水区域划分为区域间、区域内和小区的三级 DMA 计量管理模式（图 8-15），使每个分区实现水量异常预

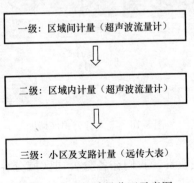

图 8-15　三级计量分区示意图

警、最小流量对比分析、供水量与营业水量跟踪对接等动态分析与统计，实时掌握管网运行工况，切实提升管网的供水安全预警能力，并有效控制漏损。

8.4.1　一级区域间计量分区

绍兴水司自 2001 年起先后完成了乡镇水厂的全建制接管工作，供水区域得到不断拓展，因此自 2003 年起开始实行公司和分公司二级供水营业管理体制。为了提高管理的质量和效率，公司按区域成立了越城、城南、袍江、镜湖、城东五个分公司（图 8-16）。

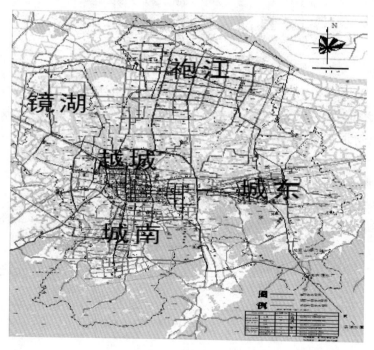

图 8-16　五大分公司区域图

为明确管理权责，我们在各分公司区域分界点安装 28 个区域流量计，从而将 5 个分公司划分为 5 个区域间计量分区，区域流量计数据实时传输至管网调度系统，通过对流量曲线定时定期的对比分析，有利于掌握主干管实时流量、流向等运行工况，动态分析判断管网有无漏损及异常发生，为调度决策、爆管监控提供依据，并可量化考核各分公司的漏失水量，增强了各分公司之间的良性竞争态势。

8.4.2　二级区域内 DMA 计量分区

（1）区域内流量计设置的原则

根据城市管网特点来综合确定管网计量分区的划分。主要考虑如何通过合理布点，使划分的计量分区具有一定的代表性和漏损分析的可能性，同时用于流量检测的流量计数量最少，又能便于施工建设，从而对现状供水管网运行的影响减小到最低程度，确保水压、水质运行稳定。

（2）流量计选择

区域内计量分区的流量计选择和贸易结算流量计选择有所不同，区域内计量主要目的是漏损分析，因此结合施工、成本及计量精度等因素一般选用超声波流量仪。

（3）二级区域内 DMA 计量分区试点

我们于 2010 年开始在城南分公司试行二级区域内 DMA 计量分区管理。城南分公司是在 2001 年由各乡镇水厂接管而来的，区域面积 20km²，管道材质大部分为铸铁管及自应力管，管道埋设年代较久，漏损控制情况较差，2009 年年底其产销差率在 5 个分公司中最高，为 9.17%，高于公司平均值 3.65 个百分点。通过分析后，在城南供水区域内安装 6 个超声波流量仪，将其划分为 4 个计量分区（图 8-17）。

（4）区域内分区计量系统的应用：

1）夜间最小流量分析：通过每天分析 DMA 分区内各个区域的夜间最小流量与前几天的夜间最小流量进行对比，从而判断该区域是否有漏水发生。

2）分区日志管理：在夜间最小流量分析后，分公司及检漏部门依据系统的分析有针对性进行漏点查找，并将查找后的结果

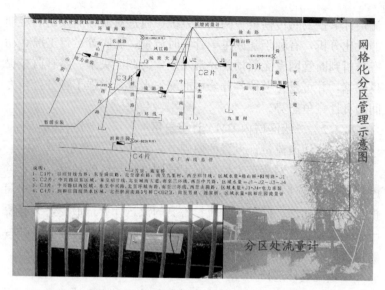

图 8-17 城南主城区供水计量分区示意图

反馈至调度中心，从而形成调度、分公司、检漏部门的联动，更有利于准确分析和查找漏点。分区日志报表见图 8-18。

区域	日供水量(M3)							当日水量(0:00--6:00)			前日最长小时	增减	本旬累计	本月累计	本年累计
	12月17日	12月16日	12月15日	12月14日	去年同期	上月同期	时变化系数	最高小时	最低小时	平均小时					
洞和庄园	2347	2243	2030	2033	1868	2224	1.85	53	44	47	38	15.79	14787	58401	566226
下谢墅	627	609	458	471	365	568	1.54	28	12	20	10	20.00	3664	13848	183327
坡塘	514	519	403	420	561	476	1.59	12	10	10	9	11.11	3152	12818	212003
绍甘线以东片	9098	8624	8015	8029		8171	1.41	216	175	193	180	-2.78	57720	222882	1320666
中兴路以东片	1684	1657	1585	1759		2141	1.77				16	-100.00	12014	53148	426578
中兴路以西片	8643	8360	7631	7909		8603	1.47				132	-100.00	57914	230861	1251493
城南	22913	22012	20621	20621	24564	22173	1.41	520	384	447	400	-4.00	149251	591958	8245204
洞和庄园	运行评估:漏大(施家桥水管抓破)														
	处理结果:漏点数 个,漏失水量约100万,突发预警1次。														
下谢墅	运行评估:正常														
	处理结果:漏点数 个,漏失水量 方,突发预警 次。														
坡塘	运行评估:正常														
	处理结果:漏点数 个,漏失水量 方,突发预警 次。														
绍甘线以东片	运行评估:正常														
	处理结果:漏点数 个,漏失水量 方,突发预警 次。														
中兴路以东片	运行评估:正常														
	处理结果:漏点数 个,漏失水量 方,突发预警 次。														
中兴路以西片	运行评估:正常														
	处理结果:漏点数 个,漏失水量 方,突发预警 次。														
城南	运行评估:正常														
	处理结果:漏点数 个,漏失水量 方,突发预警 次。														

图 8-18 分区日志报表

3) 典型日水量分析、漏点数量、漏失水量分析：根据检漏部门提供的漏点信息，调度人员结合漏点发现前的区域最小流量，分析漏点产生前后的最小流量变化规律，为以后更加准确地分析出漏水情况积累经验。

4）月度漏失水量分析：通过掌握每个分区的月漏失水量情况，细化漏失水量分析对象，为检漏提供依据。

通过区域内分区计量管理，为检漏部门提供了漏损重点区域的准确信息，极大地缩短发现漏水的时间，减小漏点排查范围，实现漏点快速定位。

以 2011 年 6 月份阳明路漏点的发现为例，阳明路 $DN400$ 管埋设位置较深（3m 左右），检漏难度较大。实施分区计量后，通过对夜间最小流量分析发现东片区流量异常，夜间最小流量增加 30m³/h 右，判断在阳明路位置有疑似漏点存在，从而帮助检漏部门快速发现该区域的 $DN400$ 管漏量为 30m³/h 的大漏洞。实施一年多来，已通过计量分区分析发现历史疑难漏点 5 个。

2012 年 2 月份，发现南片区域水量每天增加 600m³，通过排查，发现一用户内部消火栓管网破损，为用户减少 2 万元损失。

城南分公司实施区域 DMA 计量管理一年多后，漏损控制有明显成效，产销差率由实施前的 9.17% 下降到 2011 年的 7.09%，下降 2 个百分点。

8.4.3 三级分区计量：小区及支路分区计量

从 2004 年开始对各小区安装考核表，共安装 14316 只考核表（表 8-4），考核表根据小区情况安装到每栋楼甚至每个单元；每月通过考核表与结算表总量的对比以及夜间最小流量的分析，可及时判别小区内有无漏水现象及漏损大小；

考核表口径及其数量　　　　　　　　　表 8-4

口径（mm）	15	20	25	40	50	80	100	150	200	合计
数量（只）	16	2383	10648	542	74	74	442	103	34	14316

创新考核表设置方式：一路采用常规的设置方式，进行月度产销差率分析；另一路采用进水管设置旁通管道并安装小口径考核表的设置方式，适时进行夜间小流量分析（图8-19）。两种方式结合联动使用，充分发挥考核表漏损分析的能力，切实提高检漏工作效率。

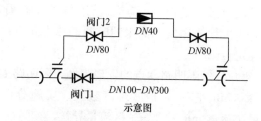

图8-19　考核表示意图及现场照片

支路远传大表设置：在用水量较大的支路管道设置考核表，并在考核表上安装远传装置，实时监控支路管道水量，及时发现支路管道水量异常情况，目前公司共安装86个支路考核表（图8-20）。

通过采用分区计量，对入口流量、内部管道流量、考核表流量进行监控，加上完备的用户水量信息，层层监控，时时分析，有效地减小了漏损控制的目标区域，增强了产销差率控制的针对

图 8-20　支路考核表

性，有助于促使责任主体尽快锁定目标区域，在较小的范围内逐个查找原因，从而有效控制产销差率。

8.4.4　今后努力的方向

2012 年中旬至今，绍兴水司在二级 DMA 分区中使用了北京埃德尔"十二五"水专项课题研发成果——多功能漏损检测仪和渗漏预警系统。在使用过程中，及时地发现了多处漏水，为水司快速定位漏点提供了保障。今后我们将不断完善 DMA 管理系统，主要目标有以下两点：

（1）建立各个分区供水量与售水量之间的逻辑对应关系，也就是通过营业系统将用户归纳到各个分区当中，实现每个分区月度产销差率的统计，今后在日分析的基础上，通过月度统计掌握每个分区漏水水量的绝对值，以更好地指导控漏工作。

（2）建立管网漏损预警系统，计划通过渗漏预警系统对管道隐蔽部位泄漏点的实时监测，以及 DMA 分区计量对区域内供水单元水量、水压的动态跟踪等技防手段的综合应用，实现供水管网运行监控在时间和空间分布上的全覆盖，达到提升主管安全预警能力，实现漏损率长期保持低位运行目标。

分区计量是产销差率控制的一个基础工具，只有在这一基础上不断发现问题、跟踪问题、分析问题、解决问题，建立漏损控制的闭环机制，良性循环、步步推进，才能使漏损控制水平保持在低位运行。

8.5 铜陵首创水务公司分区定量管理

8.5.1 公司简介

铜陵首创水务有限责任公司是北京首创水务控股子公司之一，目前供水服务人口 40 万余人，拥有 3 座水厂，供水能力 180000t/d，供水管网覆盖全市 30 多平方公里，DN100 以上管线长度约 300km。近年来，公司不断优化资产结构，引进先进经营、管理理念，强化制度建设，加大技改投入，在提升服务水平、提供安全优质供水方面有了长足进步。而为了进一步使地下供水管网的管理手段更加科学化、规范化，公司采取了多项举措，尤其是加大对新技术产品的投资力度。在研究国内外先进管理经验基础上，依托住房和城乡建设部科技项目，铜陵首创探讨并引入了 DMA 分区管理技术，开展了铜陵首创水量损失控制管理项目。

经过全面深入的调研、评估，铜陵首创于 2009 年 10 月选择了北京埃德尔公司作为合作和服务平台，进行水量损失控制管理 DMA 项目。为了确保项目的顺利和有效性，特别成立了 DMA 专项项目小组。项目小组利用对铜陵首创水务现有管网资料的分析、筛选，确立了"铜化新村"、"长江新村"、"一水厂一万吨加压区域" 3 个示范区。并对所选 3 个区域内管网等基础资料进行现场再调研，全面掌握示范区内管网的详细资料。

8.5.2 分区计量举例介绍

下面以"一水厂一万吨加压区域第一分区"为例，从以下几个方面进行介绍：

（1）检测技术及设备

检测技术：采用了夜间最小流量监测、区域渗漏预警和相关精确定位检测相结合的听漏方法。

使用设备：插入式电磁流量计、渗漏预警系统、多探头相关仪、听漏仪。

（2）第一分区图示及基础数据（图 8-21、表 8-5）

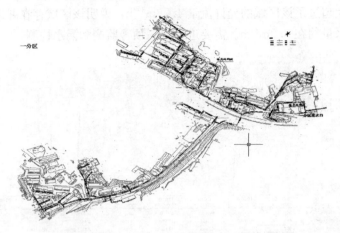

一分区

图 8-21　第一分区 DMA 示意图

第一分区基础数据表　　　　　　　　　　　表 8-5

主干输水管长度（m）	3650
AZNP 值	38.7
连接点数目	735
属于私人的管道数目	735
每户私人管道的平均长度（m）	12
ICF	2

第一分区基础渗漏量 2297L/h。另外，一分区还有两个公厕为自动冲水，相当于两个水龙头长流水，用水量约 2500L/h。因此一分区的夜间最小允许流量为 2279＋2500＝4779L/h。

DMA 的基础渗漏水平损失用下面公式进行修正计算：

基础渗漏量＝ICF×（0.02×主管道长度＋1.25×连接用户数）＋ICF×0.033×私人拥有的水管长度×（AZNP/50）$^{1.5}$＋0.25×居民住宅数与非居民住宅数总和×（AZNP/50）$^{1.5}$。

（3）第一分区流量监测数据及分析

压力数据分析：如图 8-22 所示，从 12 月 4 日 12 时到 12 月 7

日 12 时，在这 72 小时内夜间最小流量为 3.646L/s，即 13.12m³/h，大大超过了该区域的允许流量 4.78m³/h，说明该区域存在漏水，漏水量约在 8.3m³/h。需要进行渗漏预警监测和漏水检测。

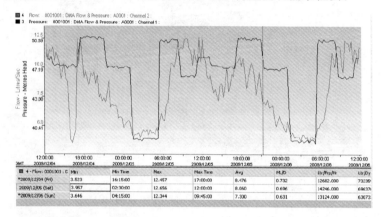

图 8-22　一分区 12 月 4～6 日实测的压力、流量数据图

在 12 月 7 日开挖维修了一个漏点，漏水量约 1.2m³/h，在 8 日接收的流量数据显示，夜间最小流量降低到 3.34L/s，降低了 0.306L/s（图 8-23）。约合 1.1m³/h，说明漏失降低了。另外区域内还有 5 个漏点未修复，漏水量约为 7m³/h，如果区域内的漏水点都修复了，夜间最小流量基本满足了允许漏失范围。

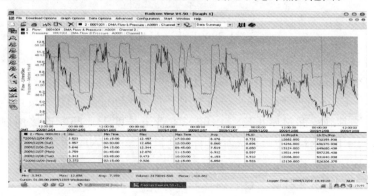

图 8-23　一分区 12 月 4～9 日实测的压力、流量曲线

（4）第一分区渗漏预警系统监测数据及分析

根据现场条件，在一分区布设 9 个渗漏预警系统记录仪，进行了两天的监测（表 8-6）。

第一分区渗漏预警系统监测数据表　　　表 8-6

Serial 探头编号	GridRef 放置位置	Comment 1	Comment 2	Deployed	Date 巡视日期	Status 报漏情况	Level 噪声水平	Spread 噪声宽度
2093246	SV 0000 0000				2009-12-2	L	35	4
2093252	SV 0000 0000				2009-12-2	L	56	9
2093253	SV 0000 0000				2009-12-2	L	25	6
2093254	SV 0000 0000				2009-12-2	N	7	11
2093255	SV 0000 0000				2009-12-2	N	13	6
2093257	SV 0000 0000				2009-12-2	L	55	5
2093337	SV 0000 0000				2009-12-2	N	8	21
2093340	SV 0000 0000				2009-12-2	N	11	14
2093342	SV 0000 0000				2009-12-2	L	28	6

表 8-7 是 12 月 2 日和 3 日接收的渗漏预警系统记录仪监测的结果，两天的检测结果相同，共有 5 个记录仪报警。具体位置见表 8-8。

第一分区渗漏预警系统监测数据表　　　表 8-7

Serial 探头编号	GridRef 放置地点	Comment 1	Comment 2	Date 巡视日期	Status 报漏情况	Level 噪声强度	Spread 噪声宽度
2093246	SV 0000 0000			2009-12-3	L	34	4
2093252	SV 0000 0000			2009-12-3	L	56	9
2093253	SV 0000 0000			2009-12-3	L	26	6
2093254	SV 0000 0000			2009-12-3	N	7	12
2093255	SV 0000 0000			2009-12-3	N	12	5
2093257	SV 0000 0000			2009-12-3	L	63	5
2093237	SV 0000 0000			2009-12-3	N	8	9
2093240	SV 0000 0000			2009-12-3	N	7	11
2093242	SV 0000 0000			2009-12-3	L	29	5

第一分区渗漏预警系统报警数据表　　　表 8-8

序号	探头编号	探头放置位置	噪声强度（LV）	噪声宽度（SP）
1	02093246	新民西村 138 栋	35/34	4/4
2	02093252	机厂新村路口	56/56	9/9
3	02093253	新民西村 141 栋南侧	25/26	6/6

序号	探头编号	探头放置位置	噪声强度（LV）	噪声宽度（SP）
4	02093257	金山西村焦化路口	63/55	5/5
5	02093342	强生实业集团家属楼	28/29	6/5

（5）第一分区漏水点精确定位

12月4日对以上报警点进行了漏水检测，部分点进行了相关检测，在总共5个报警点中，共定位漏水疑似点6个，定位漏水点5个，一个需要打孔确认。其中金山西村焦化路口相关仪器检测结果见图8-24。具体相关结果如下：

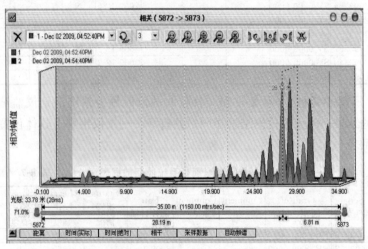

图 8-24　金山西村焦化路口相关仪器检测结果示意图

一分区漏点检测结果：经过两天的流量监测、渗漏预警系统的监测和一天的多探头相关仪的相关检测，在二分区共定位漏水点6处，其中暗漏点5处，明漏1处，漏水疑点一处。具体明细见表8-9。第一分区检测漏点见图8-25。

第一分区检测漏水点一览表　　　　　　　　表 8-9

序号	编号	地点	管径	材质	埋深（m）	Permalog＋报警情况	备注
1	AL1	金山西村29栋南侧	DN25	钢	0.5	02093257	
2	AL2	金山西村29栋西南侧	DN50	钢	0.6	02093257	

序号	编号	地点	管径	材质	埋深(m)	Permalog+报警情况	备注
3	AL3	金山西村 28 栋南侧	DN150	铸铁	0.6	02093257	
4	AL4	机厂新村 4 栋 2 单元	DN25	PE	0.5	02093252	
5	AL5	新民西村 138 栋	DN100	钢	0.8	02093246	
6	ML1	新民西村东侧平房	DN15	钢	明管	02093253	
7	YC1	金山西村焦化路口	DN150	钢	0.5	02093257,02093252	需打孔确认

注：AL：暗漏点；ML：明漏点；YC：异常点，需要进一步打孔确认。

图 8-25 第一分区检测漏点图示

（6）一分区 DMA 效果分析

通过本次测试可以看出，一分区存在较明显的漏水，共检测定位 6 个漏点，通过漏水监测和漏水检测后，日节约水量在 100t 左右，而一分区平均日供水量在 550t 左右，通过此次检测漏失率降低约 18.2%，降损非常明显。

另外，通过对一分区流量数据的分析和渗漏预警系统的监测，可实时监测一分区管网的运行状况，且及时有效地发现漏水，减少漏水发生的时间。还可以对全天的流量进行分析，判断区域内用水是否合理、是否存在偷水等。

8.5.3 2010 年查漏成果

铜陵首创水务公司查漏人员共有 4 名，具体分成两个小组，以市区长江路作为分界，每两个月进行区域调换，虽然人员不多，但凭借先进的漏水监测和检测设备，取得了较好的查漏成果，2010 年较 2009 年供水产销差由 30.75% 降低到 29.64%。通过实施 DMA 和最小流量控制等先进的技术手段可有效地把计量治理同管网治理结合起来，快速发现漏水存在的区域，缩短居民因爆管等不能用水的时间，快速确定漏水存在的管段，同时公司把经济目标直接同漏损控制结合起来，提高了对整个供水管网管理水平，并有效地降低供水管道爆管频率，为铜陵市居民用水提供了重要安全基础保障。

8.6 黄石水司区域水量水压监控在查漏降漏中应用的体会和思考

黄石水司在2007年之前，由于管网老化等原因，产销差率呈逐年上升、居高不下的态势。2006年产销差率达到历史最高的37.04%。2007年初，为强化管理、加强管网抢修维护、降低产销差率，按专业化、精细化的原则，对原有的营业部门实行管维分离，将管网抢修维护和管网检测查漏部门组建成管网维护公司。该公司承担黄石水司近$120km^2$供水区域、$860kmDN100$及$DN100$以上口径管道的抢修维护和查漏工作。

当时查漏工作面临着许多困难，主要是查漏人员数量有限，查漏设备简陋，城市道路改造增加了管道的覆盖层，增加了查漏难度，检测管线存在盲目性将影响查漏效率。黄石水司在管维公司成立之后，对查漏工作采取了一系列措施：对管维公司管网检测部实行按查出漏量定价计酬、收入全额挂钩的承包方式；投入资金购置和更新查漏设备；加强查漏人员的技术交流和技术培训等。改善了查漏工作的条件，激发了全体查漏人员的积极性和创造性。在公司各部门的共同努力下，产销差率逐年下降，2011年产销差率下降到23.16%。漏损的降低和控制为公司创造了较好的经济效益，同时又保证了市民正常用水所需要的供水压力。

2007年起，查漏人员对老旧供水管网进行反复巡检，查出一批较大的漏点，产销差率迅速下降，2007年产销差率降至30.97%，2008年为29.25%。随着漏点的减少和产销差率的降低，查漏难度进一步加大，产销差率下降速度变缓，对此，查漏人员在坚持定期巡检老旧管道的同时，开拓思路，选定监控区域水量和水压变化来确定重点查漏区域、合理安排查漏人员的检漏区域、提高查漏针对性和查漏效率为突破口，为查漏工作提供指导，取得了较好的效果。

8.6.1 主要做法

（1）利用公司现有设施，建立区域水量水压数据平台，黄石水司共有三个水厂、三个大型加压站，日均供水量约 36 万 m^3，出厂出站流量计共 17 台，近 60 台小区监控水表，近 30 个压力监测点。根据管网运行实际，划分出铁山、下陆、团城山、磁湖路、桥南、桥北、山南、冶钢八大片区，利用流量计作为水量数据来源，收集水量数据并进行分析，确定不同区域、不同季节的基准水量。坚持及时抄录各流量计数据并进行分析对比，以便及时发现异常，为查漏提供指南。

（2）当发现某区域水量突然升高时，即密切跟踪数据。如连续几天水量数据居于高位，便安排人员核查该区域用水大户用水状况是否发生变化。排除用水大户用水量增大的因素后，即集中全体查漏人员对该区域突击进行重点查漏。2009 年 2 月底，桥北地区水量突然由 3.3 万 m^3/日升至近 4 万 m^3/日。考虑到该区域无特大型用水企业，水量日增近 $7000m^3$，显然与管道漏失有关。我们紧急安排查漏人员重点检查该区域，经过一个多月的反复检测，在该区域 $DN100mm$ 以上管道查出 8 处漏点并及时进行了修复。3 月份水量降至 3.6 万 m^3/日，4 月份水量降至 3.1 万 m^3/日。2010 年 6 月底桥北地区日水量由 3.2 万 m^3 升至 3.8 万 m^3 左右，全体查漏人员经过一个月的反复检测，共查出漏点 7 处，修复后水量明显下降，9 月份降至 3.4 万 m^3/日，10 月降至 3.2 万 m^3/日。

2011 年元月，铁山地区水量由 2.7 万～3 万 m^3/日，查漏人员用了一个月的时间，在该区域共查出漏点 11 处，3 月水量降至 2.8 万 m^3/日。

（3）通过对各项水量数据的跟踪分析，在查漏区域的安排上实行"有保有放"。每月生产计划的安排以水量数据为依据，确定重点区域，集中检测，对水量变化不大、情况较正常的区域，则降低检测密度。如团城山、下陆、冶钢等几个区域，水量一直比较正常，每年只安排一次常规性巡查。"有保有放"的方法，很大程度上缓解了查漏人员数量上的不足，提高了查漏效率。

（4）利用现有的压力监测点，根据压力的异常变化确定查漏重点区域，取得较好的效果。例如：2009年元月，桥南地区的中窑湾区域压力出现下降，部分用户反映水压偏低甚至间断性断水。经过对该区域重点反复检测，其查出漏点6个，修复漏点后，该区域水压很快恢复了正常。

2009年10月，铁山加压站进站压力下降幅度较大，经过对全长12km长的DN800管道进行检测，查出漏点3处，修复后，铁山加压站进站压力恢复正常。

最近五年，在未增加查漏人员的情况下，查出的漏量大幅增加，查出的漏点漏水量折合成年漏水量：2002～2006年五年间平均为313万 m^3，2007～2011年五年间平均为588万 m^3，增长了87.86%，区域水量水压监控的应用起到了重要的作用。

8.6.2 存在的困难和思考

五年来我们利用监控水量和水压指导查漏工作取得一些效果，但现有的设备和方法存在明显不足，制约查漏效率的进一步提高。

（1）以出厂出站流量计为水量数据采集来源，流量计数量少，当发现某区域水量异常升高时，需对该区域进行全面的检测，由于该区域面积过大、管线过长，影响查漏效率。如果能在管网中布置更多的监测点，将现有区域再划分成若干个小区域，当水量异常升高时，故障区域的判定会更直接，查漏人员的检测区域将更精确，查漏效果将会得到更大的提高。

（2）以出厂站流量计为水量数据采集来源，以日水量为依据，不易跟踪每天24小时的各时段流量变化，每日最小流量时段以及其流量值难以确定。而最小流量时段的流量值结合该区域用水大户的用水状况，基本可以推断出该区域的管网漏损状况。

缺少这方面的数据，则难以判断该区域管线经重点检测后还存在多大的管网漏损，不利于下一步检测工作的安排：若管网漏损仍比较严重而没有继续进行检测，会使管网漏水继续存在；若管网漏损已不太严重而继续进行检测，则会造成检漏人员无效劳力，浪费有限的人力资源。

（3）水量数据的采集和分析会消耗大量的时间。现在某些区域的水量数据，需人工通过流量计的数据合并计算才能得出。

（4）数据采集有时难以做到及时迅速，遇节假日或其他工作任务较重时，采集数据和统计分析难以及时。影响到及时监控、及时发现异常、及时查出漏点、及时降低管网漏损。

（5）压力监测点较少，监控面积过大，难以准确判断漏水区域，不利于查漏人员确定检测重点和提高劳动效率。如2007年黄石市武汉路 DN300 铸管在穿过排水厢涵处爆管，影响数个街区压力剧降，但因漏水从排水厢涵流走经调节多处阀门才最终确定漏点，如监控点更多，将会迅速锁定故障区域。

（6）压力监测出厂出站流量计基本处于分离状态，难以做到同时反映出某区域的水量水压变化，会造成查漏工作的滞后。

通过小结近几年监控水量水压变化指导查漏工作的经验和遇到的困难，我们感到很有必要建立一个覆盖面广、区域划分细、信息传递快的区域水量水压监测系统，如果能在黄石水司管网中设置 100 个监控点，将能够监测 80% 以上水量的流向和水量水压的异常变化，遇较大漏点出现，其附近的监控点会及时发出警报，极大地方便漏点查找和故障修复。

今年我公司已经启动"供水智能信息化建设"，其中包括区域水量监控信息系统（DMA），已经开始着手研究监控区域的划分和监控设备的考察论证，寻找合作伙伴，与专业化公司合作进行项目的可行性研究，希望通过黄石市发改委的立项，向国家、省、市寻求资金和政策上的支持，以便建设一套先进的区域水量监控信息系统，更及时准确详细地掌握各区域的水量、水压等参数数据，通过统计分析，为查漏降漏工作提供更直接、更准确、更有力的支持，使查漏治漏工作再上一个新的台阶。

2013 年，我公司与北京埃德尔公司合作，做了 6 个 DMA 示范区，具体区域划分见图 8-26。

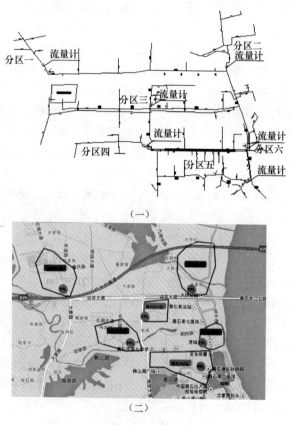

（一）

（二）

图 8-26　区域划分图

目前该项目正在实施阶段，这 6 个示范区都是支状管线，均有单台多功能漏损监测仪控制整个区域的供水计量，截至 2015 年 2 月共建立 6 个 DMA 分区，共安装 6 个监测点。根据实测数据，从 2015 年 1 月 26 日期～2015 年 2 月 1 日，wDMA 系统判定黄石 001 区、002 区、004 区、005 区存在漏损，如图 8-27～图 8-30。

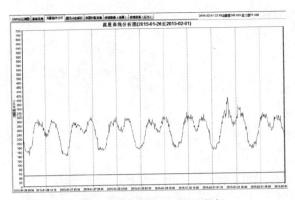

图 8-27 黄石 001 区流量数据

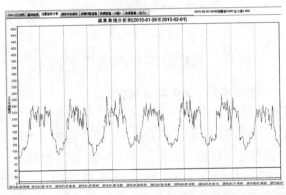

图 8-28 黄石 002 区流量数据

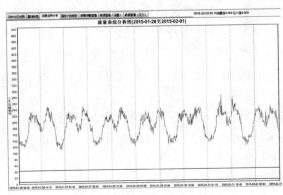

图 8-29 黄石 004 区流量数据

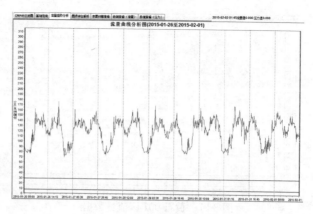

图 8-30　黄石 005 区流量数据

8.7　分区定量管理在德州的应用

8.7.1　德州水司 DMA 项目简介

德州市供水公司始建于 1956 年，目前已成为拥有固定资产总值 3.2 亿元的国有中型一档企业，各类专业技术人员占总人数约 40%，具有雄厚的技术力量。公司下设 20 个职能科室，下属三个水厂、管线维修处、营业处等 14 个基层单位。公司建有一座地表水厂、两座地下水厂和一座 550 万 t 的调蓄水库，设计日供水能力 13.5 万 t，供水管网近 700km，担负着城区 90 多平方公里，70 万人口及企事业单位的供水任务。经过五十多年的发展，德州市供水总公司形成了以供水为龙头，集勘察、设计、工程施工、水质检测、水表校验、供水设备研发、自来水深度处理为一体综合性企业。

目前，德州市供水总公司日供水量 8 万 m^3，整体产销差在 14%~15%，其中老城区（运河与岔河间）的供水量为 5 万 m^3，但老城区产销差却为 18%~19%。为了有效降低老城区的产销差，经过德州水司领导经过全面深入的调研、评估，于 2013 年 1 月最终选择了北京埃德尔为合作和服务平台，进行水量损失控制管理 DMA 项目。该项目以建立 DMA 计量分区为基础，根据分区计量取得的真实数据为依据，制定降差目标并实施，按年降差水量及供水成本计算收益。第一年降低 2～3 个百分点，第二年降低 1.5 个百分点，第三年降低 1 个百分点。本次合作服务年限为 3 年，获利收入按年度结算，起算点以当前供水数据为准。

8.7.2 分区方案

（1）建立 5 个 DMA 分区

根据供水管网现状，在运河与岔河之间的供水区域建立 DMA 分区。2013 年 1 月 23 日～24 日双方技术人员进行了现场踏勘，根据踏勘结果，经双方讨论，最终确认分成 5 个 DMA 分区的方案。管网 DMA 分区见图 8-31。

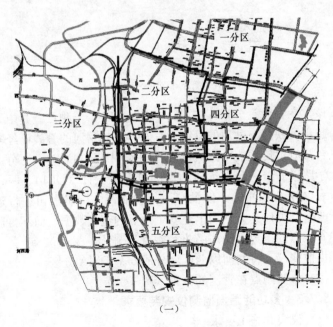

（一）

图 8-31　管网 DMA 分区图

（二）

图 8-31　管网 DMA 分区图（续）

　　该方案分为 5 个 DMA，总共需设立 17 个监测点。其中天衢路跨越京沪铁路与岔河的管线、三八路跨越岔河的管线已经安装有三台具有远传功能电磁流量计（DL4、DL5、DL6）；一分区分界大学路已安装一台带远传功能的电磁流量计（DL1）、两台电磁水表（DL2、DL3），但没有远传功能，由德州水司进行远传功能改造，可以充分利用上述 6 个地点的流量数据，而不再监测上述 6 个点的压力、噪声数据，在此基础上，又安装 11 套多功能漏损监测仪，将岔河以西区域分成 5 个 DMA 分区。

　　（2）各监测点在管网的位置（图 8-32）

8.7.3　多功能漏损监测仪安装要求

　　（1）仪表井施工要求

　　现场传感器需要安装在仪表井里时，需要有一定的安装空间，以便于人能直立工作，即管壁到墙壁之间的距离至少 600mm

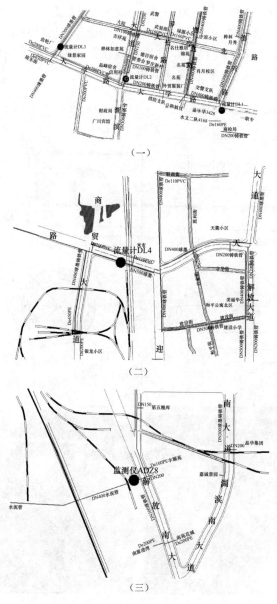

图 8-32　管网位置图

109

以上，即宽度 $W > (D + 600 \times 2)$ mm，水泥管道 $W > (D + 700 \times 2)$ mm，仪表井轴向宽度 $L > D + 1200$mm。安装传感器时，应避开法兰、焊缝、变径，并尽量安装在管道轴线水平位置±45°范围内（图 8-33）。安装现场见图 8-34。

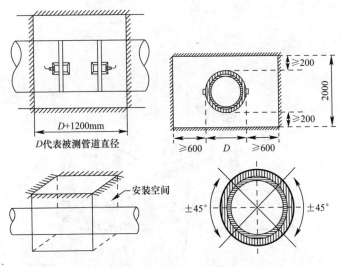

图 8-33 仪表井施工要求

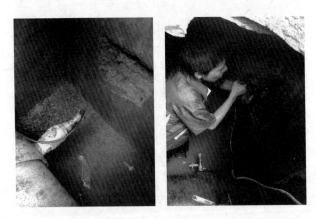

图 8-34 安装现场图片

（2）注意事项

1）由于多功能漏损监测仪的监测流量探头为插入式，底座需要焊接到监测点的管道上。由于我们即将增设的 11 个监测点中没有钢制管道，不能直接焊接，因此需要定制抱箍。定制抱箍必须提供监测点管道的外径尺寸（管道外径尺寸需精确，允许±0.5mm 的公差——否则安装后可能产生漏水）。

2）安装点应满足上游大于 10 倍管道直径、下游大于 5 倍管道直径以内无任何阀门、弯头、变径等均匀的直管段，安装点应充分远离高压电和变频器的干扰。

3）安装点应尽量选择接入市电，如果实在不能接市电，只能采用电池供电。如果以 15 分钟采集一次数据，每天发送一次的设置，电池寿命为 2～3 年。如若加密采集频率，电池寿命还会相应缩减。为了便于管理，本次安装的多功能漏损监测仪全部采用电池供电。

8.7.4 DMA 分区定量管理降低产销差的后续工作

（1）继续细化 DMA 分区计量工作，增加分区计量数量，达到逐级计量；对分区计量表全部安装远传设备，数据实时记录；对 DMA 分区表后用户统计，分析确定产销差水量。

（2）对 DMA 分区内用水大户更换进口远传水表，及时更换发现的黑表、坏表，提高计量精度。

（3）强化维修管理，提高维修的时效性，在 DMA 分区内修漏过程中，对于一些已经废弃不用的管道漏水，不简单的维修，而在分支处予以截断，以免留下后患。

（4）加强管道明漏巡视，特别注意边缘区域、拆迁工地和市政施工工地，有必要对管线巡视人员进行简单的检漏培训，并配置听漏棒。对于维修过的地方应定期复查，防止发生二次泄漏。

通过采用分区计量，对入口流量、内部管道流量、考核表流量进行监控，加上完备的用户水量信息，层层监控，时时分析，有效地减小了漏损控制的目标区域，增强了产销差率控制的针对性，有助于促使责任主体尽快锁定目标区域，在较小的范围内逐个查找原因，从而有效控制产销差率。

8.7.5 新运营模式在德州的开展

新运营服务模式可以组成一个管理体系。由服务方、被服务方、政府有关部门代表组成，称为漏控运营服务部或者漏控服务公司。其职责主要是建立、实施和运营 DMA 分区定量漏损监控管理系统，把漏损降低到一个商定的目标，而且要达到持续，稳定降低和保持到一个合理的水平。

德州水司与北京埃德尔公司合作进行 DMA 分区管理。由埃德尔协助德州水司进行 DMA 分区设计、提供监测设备和 wDMA 软件系统，同时将德州水司原有的远传水表和远传流量计纳入到 wDMA 软件系统中，充分的利旧，为德州水司节省投入。

为了更快、更好的帮助德州水司将实施 DMA 分区定量管理的效益最快地体现出来，尽快降低产销差，德州水司与埃德尔公司进行深度合作，双方建立联合领导小组，探索开展了一种新的运行模式，即埃德尔公司不仅提供监测设备和 wDMA 软件系统，同时协助德州水司进行 DMA 的运营管理，培训指导德州水司的系统分析工程师。埃德尔的系统分析工程师通过 wDMA 软件对德州水司管网漏损进行监测分析，并即时对德州水司检漏队伍的漏点检测进行实时指导；系统分析工程师除了应用专业的系统分析软件进行数据分析，远程指导检漏工作外，对产销差较大而检漏效果又不好的 DMA，采取定期或不定期的现场检查、分析原因，制定有效可行的解决措施以达到降差的目的。

德州水司在 DMA 分区定量运营管理过程中，加强计量管理，杜绝表误；对水表严格按照周期检测、校核，尤其是大表，坚持动态周检，每周对水表计量范围进行动态分析；检查并杜绝供水有关设施漏损。

在合作期内，采取设备购置费与运营服务费等相结合的结算方式。通过这种新的运营模式，用较短的时间降低 DMA 分区的产销差，快速掌握运用 wDMA 软件系统，加快在德州水司全面实施 DMA 分区管理。

市中分区基本信息（002 区），如图 8-35 所示。

DMA分区编号	002		DMA分区名称	市中分区			
ICF参数	2.00		服务区人口		人	服务面积	平方米
区域最高高程		米	区域最低高程		米	进入区域管线数量	条
管材分类					>>	用户数量	21164 户
管道最长服务年限		年	管道总长度	107519 米		区域每年爆线数量	次
管道连接总数	8075 米		私人拥有水管长度	21164 米		目标比例	20% 范围0-100%
正常夜间用水量	47.46 立方			日售水量	15997 立方	无计量用水	立方
夜间允许最小流量	68.542 立方小时			修改者	叶娜	修改时间	2014-07-11 15:00
备注							

DMA分区设备列表 | DMA分区地图 | DMA分区执管部门

序号	使用类型	设备编号	开始日期	设备类型	流向	安装位置
->	DMA设备	KL10010000038	2013-09-06	流量监测仪	流出	天衢路跨越京沪铁路管线（作废）
2	DMA设备	13406885964	2013-10-22	流量监测仪	流出	解放大道与大学北路
3	DMA设备	15153446473	2014-06-25	流量监测仪	流出	天衢路跨越京沪铁路管线（新换）
4	DMA设备	18865798273	2013-10-22	流量监测仪	流出	湖滨大道与大学路交界
5	DMA设备	000069130114	2013-08-15	多功能漏损监测仪	流入	文化路与德兴路交口
6	DMA设备	000069130115	2013-08-15	多功能漏损监测仪	流入	天衢路与东地路交口工行前
7	DMA设备	000069130301	2013-08-15	多功能漏损监测仪	流入	东风路京沪铁路西侧
8	DMA设备	000069130305	2013-08-15	多功能漏损监测仪	流入	三八路与东地路交口东行约200米公交站牌前
9	DMA设备	000069130306	2013-08-15	多功能漏损监测仪	流入	东风路与解放大道交口西南角医药大楼
10	DMA设备	000069130307	2013-08-15	多功能漏损监测仪	流入	东风路岔河西岸
11	DMA设备	000069130309	2013-08-22	多功能漏损监测仪	流入	东风路向阳大街交口西南角华联
12	DMA设备	000069130311	2013-08-14	多功能漏损监测仪	流入	东风路与新湖南大街交口东南角电业局

图 8-35　市中分区基本信息

市中分区流量数据，见图 8-36。wDMA 系统判定市中分区存在漏损。

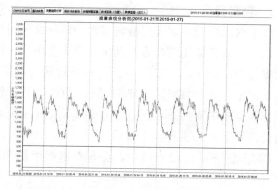

图 8-36　市中分区流量数据

2014 年 8 月 8 日在德州水司作了阶段性的总结，数据显示 2014 年 1～3 月份德州水司平均产销差 21.79%，自 2014 年 4 月实施新的运营模式，到 2014 年 7 月产销差已经逐步下降到 14.08%，产销差降低幅度达 7.71%，远远超出了原来的预期。在实施新运营模式的 4 个月中，有一个暗漏点值得一提，即埃德尔为德州水司提供的分区计量漏损监控管理系统（简称 wDMA 系统），从试运行开始就报警铁西 DMA 分区存在明显的漏水，但检漏队伍一直未能查出。在 6 月份系统显示漏水量又突然大幅上升，经过双方沟通探讨，以及领导与专业技术人员深入分析，终于找到一个 $400m^3/h$ 的暗漏点，其正好在一条未知的老旧管线上，而作为日常检漏工作是无法发现的，这样的漏点应该说在我国的供水系统带有一定的普遍性。

8.8 DMA 分区定量管理在开封的应用

如何降低城市供水的产销差率，一直是国内外业内人士十分关注的问题，都在积极分析原因、研究对策。DMA 一体化系统解决产销差方案是集技术、管理和经济于一体的全新的管理方法和理念，是目前世界上有效的常设控制产销差的数字化的先进管理系统，它涉及的管理内容比较多。

8.8.1 项目目标

开封市供水总公司下辖开封县自来水公司是总公司扩展并购的供水公司，管网老化比较严重，几乎没有工业用户，但其夜间最小流量接近 $300m^3/h$，漏损严重。针对开封县管网漏损现状，总公司领导提出在开封县城区建立 DMA 示范区降低产销差的方案。期望在埃德尔的支持下，通过建立 DMA 管理示范区，实实在在地看到降差效果。实现如下目标：

（1）DMA 管理系统建成以后，将开封水司产销差降低 5% 以上；

（2）经过一段时间合作运营，漏损监控达到目标后，埃德尔负责培训开封水司相关漏损控制运营人员，使开封水司能够不断降损，实现持续、稳定、长久地把漏损减低到合理水平；

（3）在合作的基础上，形成开封水司主动漏损控制运营管理的模式；确立开封水司降低产销差的有效方式。

8.8.2 分区方案

根据开封县城区管网特点，以县府街为界，将城区管网分为两个DMA分区。目前，开封县供水管网在进城区前段和到工业区管段已经安装有远传流量计量设施，本着简单、适用与尽量减少投入与安装工作量的原则，还需关闭县府西街计生委前、青年路口建行前 $DN500$ 管线、县府街邮政局旁 $DN100$ 管线、文化路口南区 $DN200$ 管线、科教大道路口南区 $DN300$ 等 5 个分支阀门，在建行前 $DN300$ 管线和县府南街口往南供水的 $DN300$ 管线安装两台多功能漏损监测仪，从而形成以县府街为界的南北两个 DMA 分区。需要关闭阀门及安装多功能漏损监测仪的具体位置如下：

（1）计生委门前分支阀门需关闭；

（2）建行前 $DN500$ 分支管线阀门需关闭；

（3）建行前 $DN300$ 管线需安装多功能漏损监测仪；

（4）邮政储蓄对面 $DN100$ 管阀门需要关闭；

（5）县府南街口往南 $DN300$ 管线需安装多功能漏损监测仪；

（6）文化路口 $DN200$ 管线需关闭。

8.8.3 实施方案

（1）长驻项目部设立

埃德尔在开封县水司设立长驻项目部，办公室由开封县水司提供。项目部接受开封市供水总公司和县水司的领导，但项目部有权要求开封水司为漏损控制运营工作提供必要的部门协调、人员配合等工作。项目组人员及软硬件设备由埃德尔派出或提供。

项目组编制见表 8-10，项目组软硬体支持见表 8-11。

项目组编制 表8-10

职　务	人　数	主要负责工作
项目部经理	1	负责DMA分区管理分析及制定工作计划
项目组长（兼台组长）	1	漏点查找与定位
检漏辅助工	1	

项目组软硬件支持 表8-11

设备名称	数　量	主要作用	备　注
wDMA管理软件系统	1套	应用监测仪实时采集的数据，评估区域漏损情况，指导检漏人员对分区内的漏点进行快速定位和维修	
多功能漏损监测仪	2台	采集传输DMA分区压力和流量数据	在充分利用现有DMA分区计量设备的基础上作必要的补充安装
检漏定位设备	1套	漏水点精定位	包含相关仪、听漏仪、管线定位仪、听漏棒、发电机、电锤，由开封县水司提供
车辆	1台	用于漏点查找与定位	由开封县水司提供

（2）项目部工作内容

1）漏损控制的工作内容：

第一，收集所有管网资料，实地踏勘管网以确认现有DMA分区方案的合理性、完善性，并提出整改方案并实施；

第二，对开封县水司DMA相应的管理制度与考核制度提出调整建议；

第三，对整改后的DMA分区数据与wDMA软件进行对接，对相关各分区数据进行分析管理；

第四，对各DMA分区根据相应数据设定出夜间最小流量的近期及中长期控制目标；

第五，根据wDMA的分析结果，对出现问题的区域进行针对性查漏及协调负责人进行稽查（包括人情水等调查）；

第六，DMA 分区内的漏点定位工作。

2）检漏工作布置及计划：

第一，作业组的台组长首先要结合 wDMA 管理软件的分析统计结果，从问题最严重的分区开始，进行有针对性地逐个查找、逐个击破。循序渐进地使每个小分区的夜间最小流量达到合理水平。

第二，发现新漏点需要台组长第一时间通过手机短信方式通知项目组负责人，48 小时内进行修复。并需每周整理一次漏点定位书面报告交予项目组领导。

第三，对比维修前后的该区片的夜间最小流量变化，深入分析物理漏损外其他原因，与开封县水司配合进行稽查等工作，杜绝其他人为因素导致的产销差变化。如此循序渐进，将物理漏失控制到合理水平。

第四，在每次全管网普查后，日常维护的台组间进行区片轮换互查。

第五，对平日检出的漏点每三个月进行一次详细的统计分析，并提出维修或管线改造建议。

8.8.4　合作结算模式

以建立 DMA 计量分区为基础，以分区定量管理取得的真实数据为依据，制定降差目标并实施，由开封水司承担建立 DMA 所需漏损控制设备及安装的费用，埃德尔公司负责 DMA 的建立与实施，按年降差水量及供水成本计算收益，依次冲抵开封水司、埃德尔公司投入的资金成本后，结余部分根据双方投入多少按比例分成。

8.8.5　经济效益分析

由于现在开封县管网还承担工业区用水，管网服务压力起伏较大，城区管网漏损所占产销差比例不易界定，因此以降低最小流量为基准测算，制水成本 1.0 元为基准测算，夜间最小流量下降 $50m^3/h$，每年可节约供水成本 43.8 万元，夜间最小流量下降 $100m^3/h$，每年可节约供水成本 87.6 万元，夜间最小流量降低越多，效益越高。

8.8.6 工作成果

北京埃德尔公司与开封县自来水测漏人员于 2013 年 8 月 21 日开始检漏工作，在县自来水测漏人员的大力配合下，对县区全部管线进行第一次漏水普查工作。截至 9 月底，共查出漏点 22 处，开挖维修漏点 15 处。其中查出 L1、L17 两处 DN100 管道断裂，L7、L8、L9 三处管道裂缝，漏水较大；1 处为表后漏水，故未开挖；1 处漏点开挖后发现可能存在偷水情况，目前正在排查；1 处在屋内，暂时无法维修（表 8-12）。具体漏点现场见图 8-37。

实际检查的漏点情况　　　　　　　　　　　　表 8-12

编号	地点	管径(mm)	材质	埋深(m)	报点日期	备注
L1	县府东街与春光胡同交口	100	铸铁	1.2	2013-9-4	已修
L2	春光胡同内变压器旁	25	铸铁	0.6	2013-9-4	已修
L3	县府大街与兴安巷交口	300	铸铁	1.5	2013-9-4	未修
L4	开元东街与新房巷交口	63	PE	0.6	2013-9-4	已修 DN25
L5	王政屯 4 号对面四层楼门前	25	PVC	0.3	2013-9-4	已修
L6	人民东路与王政北街交口	110	PE	1	2013-9-4	已修
L7	县府南街与开元西路交口	100	铸铁	1.3	2013-9-4	已修 DN200
L8	青年路与建设路交口	110	PE	1.2	2013-9-4	已修 DN150
L9	人民路与祥符市场交口	110	PE	1.2	2013-9-4	已修 DN150
L10	恒福街农业局门前	63	PE	0.6	2013-9-11	未修复，表后漏水
L11	县府南街与开元街内活力宝贝门前	25	PE	0.3	2013-9-11	已修
L12	县府南街与财源东街内	50	铸铁	1.1	2013-9-11	已修
L13	县府南街与南祥胡同交口内	110	PE	0.4	2013-9-11	已修
L14	青年路与人民路交口嘉宇斯家纺门前	25	PVC	0.4	2013-9-11	已修
L15	青年大街南段 160 号一号	25	PE	0.3	2013-9-22	未修

编号	地点	管径 (mm)	材质	埋深 (m)	报点日期	备注
L16	人民路西街西段 383 号门前	25	PE	0.3	2013-9-22	已修
L17	吉祥胡同 1 号楼三单元	50	铸铁	0.4	2013-9-22	已修
L18	吉祥胡同 9 号门口西	15	PE	0.4	2013-9-22	已修
L19	财源西街与财源五巷交口	63	PE	0.4	2013-9-22	已修 DN50
L20	财源西街蓝盾巷 3 号房旁	50	镀锌	0.8	2013-9-22	已修
L21	文化大道中莘浴池门前	200	铸铁	1.2	2013-9-22	未修
L22	青年大街腾飞汽配修理大门内	63	PE	0.3	2013-9-22	漏点在屋内,暂时无法维修

图 8-37　实际检查到的漏点图

工作中,发现财源西街一巷、五巷管道老化且管道穿下水道,漏水比较严重。开元街中医院房后管道为比较老的白塑料井管,漏水严重,为了尽早降低漏损,希望能尽快地维修,最好是将管道更换,减少漏水量。另请抓紧开挖剩余漏点。

8.9 绵阳DMA分区定量管理

8.9.1 绵阳市供水管网现状及DMA初步规划

绵阳市水务（集团）有限公司，日供水规模20万t，城市主干供水管网650km，供水面积超过70km²。

绵阳水务公司根据管网的自身特点和现有管网分布情况，按照区域划分原则初步计划将供水管网划分为以下18个区域：中心主城区、高水片区、御营坝片区、开元场、沈家坝片区、绵山片区、科创园区、金家林片区、教育园区、经开区、电子九所加压站片区、五洲加压站片区、公安三所加压站片区、长虹双碑片区、丰谷片区、绵吴路片区、高新供水公司片区、普润供水公司片区、新北川供水公司片区。

8.9.2 绵阳市供水管网DMA规划的调整及示范区实施方案

图8-38为绵阳水务的供水范围略图，从图中可以看出，中心主城区供水范围较大，而且属于居民用户最密集的区域，因此有必要针对中心主城区进行细化。

图8-38 绵阳水务供水范围

为了保障绵阳水务整体DMA计划的顺利实施，积累在DMA实施和运营管理方面的经验，本方案把位于中心主城区的南河片区作为实施DMA的示范区。图8-39为南河片区需要安装多功能漏损监测仪和需要关闭阀门的示意图。

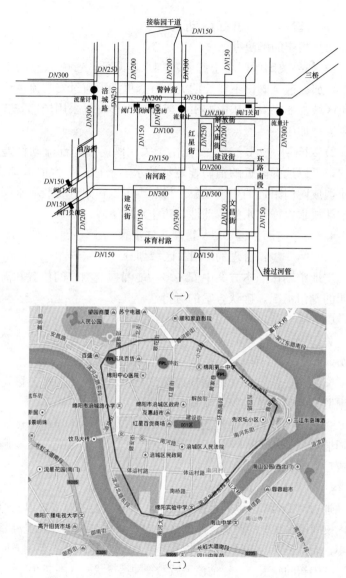

图 8-39　南河片区需安装监测仪及关闭阀门位置图

（1）关闭阀门可能引起的供水问题

1）可能造成局部供水压力不足，影响部分用户的正常用水；

2) 可能影响关闭阀门附近的水质。

（2）相应的解决办法

1）如果关闭阀门会引起大范围水压降低，影响居民的正常用水，那么这个阀门不能长期关闭，这里必须通过安装流量计来封闭区域。如果对水压影响不大或范围很小，可采用局部安装变频泵进行加压；

2）对于水质问题，主要是由于关闭阀门后局部流动性差造成的，可以选择附近的消防栓定期放水，增加局部水的流动性，防止造成阀门附近的死水现象。另外也可以在附近安装泄水阀进行定期放水以增加水的流动性，防止水质下降。

8.9.3 南河片区 DMA 管理实施步骤

（1）第一步：合理的 DMA 区域划分

实地踏勘按照本方案中安装多功能漏损监测仪的位置和需要关闭的阀门工况，确认方案的可行性。

（2）第二步：DMA 区域封闭性检测

关闭 DMA 区域的进水阀门，通过零流量和零压力测试验证 DMA 区域是否封闭。封闭的区域能取得良好的效果。

（3）第三步：多功能漏损监测仪与供水管网 DMA 分区定量漏损监控管理系统的安装调试。

多功能漏损检测器现场安装调试，供水管网 DMA 分区定量漏损监控管理系统（wDMA）在控制中心安装调试，安装调试完成后，开始接收 DMA 区内压力、流量等相关数据。

（4）第四步：漏损评估

通过对 DMA 区域进水夜间最小流量和压力的监测，以及对区域内夜间用水状况的调查，判断区域内是否存在漏水以及泄漏量的大小，而且长期的流量监测可以快速反映漏水复原的现象，及时发现区域内新的漏水点。评估该区域的管网运行状况（图 8-40）。

通过夜间最小流量的趋势分析，及时发现 DMA 区域内新产生的泄漏（图 8-41）。

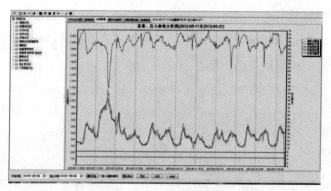

图 8-40 流量压力区域分布图

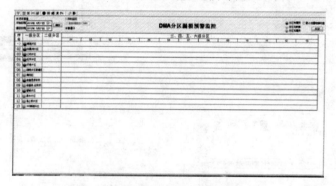

（一）

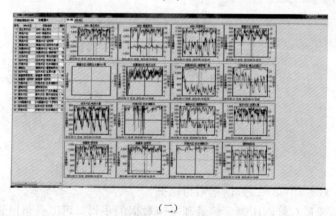

（二）

图 8-41 DMA分区预警监控

（5）第五步：漏点定位和维修

采用相关仪或听漏仪等方法对漏水点进行精确定位，并通知维修人员进行抢修（图 8-42）。

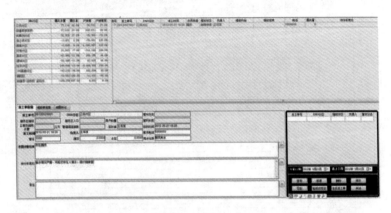

（一）

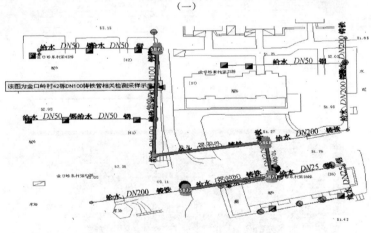

（二）

图 8-42　漏点定位系统

（6）第六步：数据积累与挖掘

通过对管网压力、流量和噪声数据的积累，可以分析出管网的运行状态以及各种监测设备自身的运行状态（图 8-43、图 8-44）。

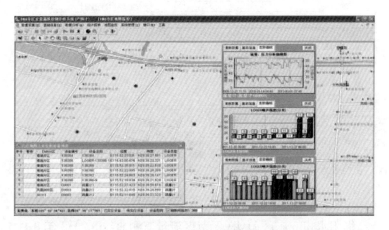

图 8-43　数据分析

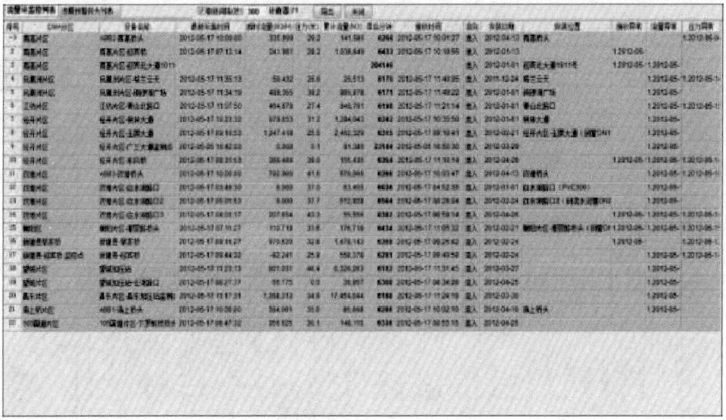

图 8-44　数据积累

　　四川绵阳自来水公司截至 2015 年 2 月共建立 1 个 DMA 示范分区，即绵阳水司 001 号区域，该分区共安装 3 个监测点。

　　绵阳水司 001 区基础信息，见图 8-45。

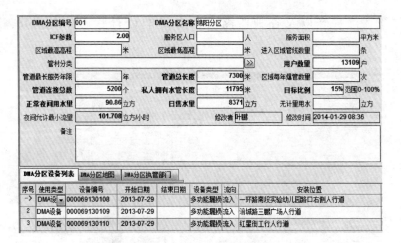

DMA分区编号	001		DMA分区名称	绵阳分区			
ICF参数	2.00		服务区人口		人	服务面积	平方米
区域最高高程		米	区域最低高程		米	进入区域管线数量	条
管材分类				>>		用户数量	13109 户
管道最长服务年限		年	管道总长度	7300 米		区域每年爆管数量	次
管道连接总数	5200 个		私人拥有水管长度	11795 米		目标比例	15% 范围0-100%
正常夜间用水量	90.86 立方		日售水量	8371 立方		无计量用水	立方
夜间允许最小流量	101.708 立方小时				修改者 叶郡	修改时间 2014-01-29 08:36	
备注							

| DMA分区设备列表 | DMA分区地图 | DMA分区执管部门 | | | | | |

序号	使用类型	设备编号	开始日期	结束日期	设备类型	流向	安装位置
->	DMA设 ▾	000069130108	2013-07-29		多功能漏损	流入	一环路南段实验幼儿园路口右侧人行道
2	DMA设备	000069130109	2013-07-29		多功能漏损	流入	涪城路三鹏广场人行道
3	DMA设备	000069130110	2013-07-29		多功能漏损	流入	红星街工行人行道

图 8-45　绵阳水司 001 区基础信息

绵阳水司 001 区 DMA 示范区流量监测曲线（2013 年 8 月 7 日至 9 月 8 日），见图 8-46。

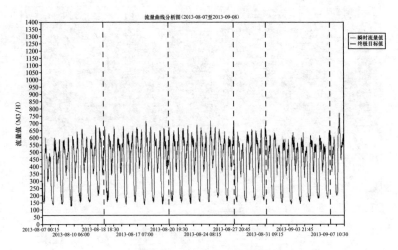

图 8-46　南河片区流量曲线

上图是 DMA 示范区某段时间的流量波动曲线，根据夜间最小流量的变化趋势，说明该区域存在漏损，漏损量约在 $70\text{m}^3/\text{h}$，且从 9 月 5 号开始，夜间最小流量开始增加，说明区域内发生了漏点。

绵阳水司 001 区 DMA 示范区流量监测曲线（2013 年 11 月 30 日 2014 至 2 月 17 日），见图 8-47。

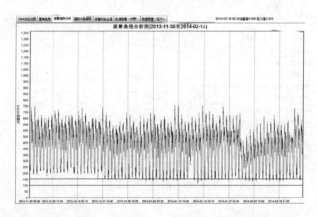

图 8-47　绵阳水司 001 区 DMA 示范区流量监测曲线

通过实施 DMA 分区定量管理，从图 8-48 最近 11 周的数据可以看出，该区域漏失率从最初的 22.3% 下降到 10.8%，最低时达到了 9.3%，漏损控制效果明显。已达到最初设定的 15% 的控制目标。

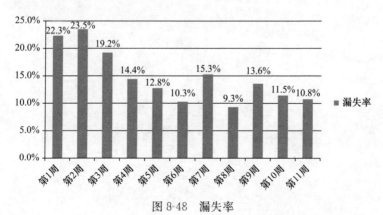

图 8-48　漏失率

漏损评估报告，见图 8-49。

序号	项目名称	项目值
1	分析范围	2013-11-30-->2014-02-17
2	当前最小流量（立方米/小时）	143.560
3	当前最小流量时间	2014-02-17 03:00
4	夜间允许最小流量（立方米/小时）	101.710
5	当前日供水量（立方米）	9535.540
6	当前日漏水量（立方米）	1004.400
7	当前日漏失率	11.0%
8	阶段供水量（立方米）	798785.140
9	阶段漏失总量（立方米）	119266.080
10	单位管长漏失水量（立方米/小时*公里）	8.87
11	阶段漏失率	14.9%
12	阶段售水量（立方米）	669680.000
13	阶段产销差量（立方米）	129105
14	阶段产销差率	16.2%
15	最大流量（立方米/小时）	640.400
16	最大流量时间	2014-02-17 10:00

DMA分区地图 | 基础信息 | 流量趋势分析 | 漏损评估解析 | 渗漏预警查看 | 数据查看（流量） | 数据查看（压力）

图 8-49　漏损评估报告

9 分区计量在国外施行成功案例

我们这里会给出一些实例，这些实例是在不同的国家得到证实的、成功的 DMA 项目。通过分析这些案例，我们可以发现：即使各个地区的基础设施类型、用户需求、社会制度不同，但是在 DMA 项目实施过程中，所遇到的问题还是有相似之处的，其解决方法也有共同点。在阅读这些实例之前，我们需要提醒你的一句是：这里所介绍的方法，并不是《Guidance Notes》的作者或者国际水务协会漏损专责小组所推荐的最好实践方法。

9.1 美国，加利福尼亚，荣多拉灌溉区

9.1.1 项目概述

（1）区域简介

该 DMA 项目的实施地点为美国加利福尼亚州的荣多拉灌溉区，这个项目是美国自来水协会研究基金会一个研究项目的组成部分，其主要目的是为了评估国际漏水管理技术转移到北美的程度。

对于荣多拉灌溉区来说，地区内部各个部分之间还有很大的差异性，所以，在 DMA 项目实施的时候，项目小组负责人员将整个地区根据各部分水压的不同细分成了很多更小的地区范围。项目小组最后决定，把其中一个特定的压力地区变成永久性的 DMA，最终选择的地区是北瓦区（North Shingle），这个地区的水务也是由联邦政府直接管辖的。这个 DMA 辖区内的人口共有 1200 人，地区平均水压为 78m。这个 DMA 项目从开始设计到最后实施完成共花费了 3 个月的时间。

（2）普通家庭的供水安排

在 DMA 项目中，输水管道的每一个连接点的位置都是经过

精心测量后得到的，在每户家庭或者厂商私人管道上没有安装任何的存水装置。对于整个 DMA 项目来说，供水的压力值一般控制在 50~140m。我们还要考虑到，这个地区有很大一部分的山地，为山地地区供水需要更大的压力，所以在大多数输水管道的连接点，我们都安装了 PRV。

（3）在实施 DMA 项目前后水资源的实际损失量

实施 DMA 后，北瓦地区 DMA 项目水资源的真实损失量为 1545L/连接点/d，如果考虑到 ILI 为 9.23 的话，它的实际损失量为 18.62L/con/day/m。

9.1.2 方案设计

（1）对于单独的 DMA 来说，它的设计主要受哪些因素的影响？

我们设计一个 DMA，主要是基于下面的因素来考虑：对于某个地区，如果它供水压力是一个特定的值的话，我们可能会为这个地区单独设立一个 DMA；某个地区可能是需要考虑到防火的因素；除此之外，我们还要考虑每个地区的最小压力值。

（2）在设计阶段，需要考虑到压力管理吗？

在设计阶段，需不需要考虑到压力管理，完全取决于现在已经存在的系统压力值。如果现在系统的压力值需要考虑到压力管理的话，一般我们会在一个节点处安装两个 PRV——一个负责主要工作、一个负责次要工作。这两个 PRV 会负责整个 DMA 的压力管理。

（3）设计时的主要方法：

我们在上文中曾经提到过把一个已存在的压力控制区域转变成永久 DMA 所用到的方法，而现在，在设计阶段，我们应用的主要方法绝对没有上面的方法复杂。首先，我们需要这个地区每年夏天和冬天用水高峰时的需水量，这个需水量可以从用户的账单里面大致估计出来。除了估计家用、商用的用水量之外，我们还要考虑到消防用水等。该地区 DMA 的历史数据也是在项目开始前需要反复斟酌的，在分析历史数据的基础上，我们还要分析这个 DMA 的压力管理值。通过上面的这些估计、计算和估算等过程，我们了解到，给我们的夜间最小流量为 200mm 进水管，这个数据比真实值小了很多。因此，这个项目团队决定，在负责主要工作的 PRV 上设置管径为 150mm，这个 PRV 负责日常用水；而在另一个负责次要工作的 PRV 上设置管径为 200mm，这个 PRV 负责消防用水或者紧急用水。在这次的 DMA 设计中，没有用到任何的管网模型。

（4）实施 DMA 项目的边界是如何进行界定？

实际上，DMA 项目边界是自然存在的，我们可以利用地区的自然地理环境、该地区不同的水压值等来界定一个 DMA 项目的边界。

（5）边界的完整性测试是如何进行的？

我们需要测量和计算两个数值：夜间最小流量（MNF，Minimum Night Flow）以及每个节点的日间耗水量，这两个数值一般可以通过 DMA 的账单来得到。实践证明，通过 DMA 的账单得到的用户耗水量以及用户的日间耗水量这两个数值，与用户夜间最小流量之间有密切的联系，依次，我们就能得到 DMA 边界的完整性测试结果。

（6）我们现在建立的新边界，会包括压力控制设施吗？

我们实际上不会建立新的边界，而现在已经存在的边界里面是存在手动控制设施的。

（7）现在有没有存在着任何装置——比如阀门——能准确地确定 DMA 的边界？

没有。

（8）如何选择 PRV？

在这个 DMA 项目之前，我们曾经把一个压力控制地区转变成永久性的 DMA，借鉴那次的经验，项目小组决定在这个项目中使用上次用的那种压力管理站。通过进一步的调查研究发现，现在所使用的 PRV 装置只要让 PRV 制造商做一些小小的改动，就能变成 DMA 可以直接应用的 PRV 装置。而在选择 PRV 制造商时，主要考虑的是选择那些比较熟悉的制造商，可以要求他们对设备进行适当的改动。

（9）典型的改造后的 PRV 装置安装图示：

图 9-1（一）是一个典型的压力管理站，图 9-1（二）是经过改造之后的 PRV 装置回路。在图 9-1（一）中，右边的 PRV 装置就是我们提到的担负主要工作的 150mm 压力值的 PRV 装置，改造之后，变成了下面图 9-1（二）所示的 PRV 装置，这个 PRV 装置中有一个独立的开关阀门。

（一）压力管理站

（二）经改造后 PRV 装置回路

图 9-1　改造前后 PRV 位置图

（10）在评估渗漏水平的时候，怎么样计算用户的 MNF 值？

在计算的时候，我们还需要用到 DMA 的账户信息，在账户中，我们确定了四种类型的用户。对于每一种类型的用户，我们会选择一些有代表性的样本，对它进行分析，得到每种用户的 MNF 值，然后再得到这个地区整个的 MNF 值。

9.1.3　DMA 的应用

（1）怎么样从一个典型的 DMA 中获得流量数据？

我们可以从 PRV 设备中直接读取水的流速信息和水压（上游水压和下游水压）的数据，而对于 DMA 所需要的平均压力数据和即时压力数据，可以设置一个单独的装置，由其每五分钟读取一次并把这些数据保存起来。每过大概一个月的时间，会人工地从装置中把数据读出来一次，然后对这些数据进行分析。

（2）请描述一下，上面得到的流量数据是如何用来估算流量的实际损失值的？

我们通过流量的数据来估算 MNF 值，然后应用 MNF 值来计算 DMA 的流量实际损失值，而 MNF 值是在我们读取的夜间用户最少耗水量数值基础上计算出来的。

（3）归纳一下，通过 DMA 项目你还能得到什么其他的结论。比如：评估年度的水损失量，分析用户对水的需求总量，分析按人口平均计算的水消费量（PCC，Per Capita Consumption），分析基础设施条件因子（ICF，Infrastructure Condition Factor），计划，实施监测，计算供水成本，评估漏失率，建立水力模型，水力模型的校核等。

DMA 可用于对漏水量持续监测以及检测到漏水复原率之后，对 ICF 值进行估计。

9.2　塞浦路斯，莱梅索斯水董事会

9.2.1　项目概述

（1）地理环境简要描述：

塞浦路斯岛位于地中海的东北部，而位于塞浦路斯岛南海岸的莱梅索斯是塞浦路斯的第二大城市，人口有 150000 人。莱梅索斯水董事会是一个非营利机构，它具有半官方性质，主要职责是为莱梅索斯市以及周边地区提供饮水。

1985 年，莱梅索斯水董事会开展了一个雄心勃勃的项目，这个项目包括：扩大公司饮用水供应的范围，把整个供水区域根据各地区不同的水压分解成若干个小的压力区，在每个压力区中建立与区域相应的储水能力。在这个项目的实施下，莱梅索斯地区建立了很多抽水站，这些抽水站会把水抽到一个较高的高度备用。1988 年水董事会建立了一个非常复杂的系统——监管控制与数据获取系统（SCADA，Supervisor Control and Data Acquisition System）。利用这个系统，管理者在水董事会总部的一个办公室里就能获得整个公司辖区内水资源状况、抽水站状况的数据信息。

莱梅索斯水董事会的辖区包含了海岸边上海平面高度为 0m 到附近山岭上海平面高度为 315m 的地区。为了给用户提供能够接受的水压，水董事会将整个辖区划分为七个压力区，在每个压力区都建立起其专属的蓄水池。每个压力区又被分割成若干个 DMA，对每个 DMA 区域，它的用户用水需求是通过使用直径从 300～800mm 的钢管直接接到该 DMA 区域的蓄水池来满足的，水的压力主要来自于重力。到 2003 年为止，公司辖区分为 27 个 DMA，现在，公司内部已经有越来越多的人提出要重新考虑 DMA 的划分，特别是一些水压较高地区的 DMA 划分，希望通过重划 DMA 来更有效地减少水的损失量，同时也更好地控制莱梅索斯地区的漏失率。公司自 2004 年开始启动 DMA 区域重新划分的项目，项目预计在 2007 年完成，项目完成时，DMA 数目将会增加到 52 个。DMA 重划项目实施之前，该地区每个 DMA 内部，用户端的水压变化值被控制在 4～6bar，但是在项目实施之后，用户端的水压被控制到 2～4bar。

当前，莱梅索斯水董事会的业务涉及 100km²，其公司共有

800 多公里的地下管道，有 70000 户登记在册的用户，每年供水量达到 1300 万 m³。

（2）典型用户的供水安排的简要描述：

公司所有用户如何进行供水都是经过精确计算的，每个用户会安装一个水表，水表安装在尽可能接近用户私人管道的地方。对用户来说，水表以外的部分是由水务公司负责的，但是从水表往内的部分，就是用户自己来负责了，如果用户想要把水抽到较高的位置，在水表以内部分，用户就要自行安装水泵了。水务公司在安装水表时有一个特别的要求，那就是要保证饮用水从水表处最先进厨房。水公司要考虑的第二个因素就是：要保证水压能满足用户基本的需求，比如要把水能够压到用户厨房、厕所、浴室位于房屋顶部的水箱中，以此满足用户的洗浴等需求。莱梅索斯水董事会会为每个 DMA 设定一些压力值，为用户提供的水压是该 DMA 区域 2 个最高压力值。而 DMA 的 AZNP 值为 2.5～3.5bar。一般情况下，水公司的供水是不间断的，但是，在一些极端缺水的情况下，可能会发生供水暂时中断。

（3）在 DMA 项目实施前以及实施后，该地区的实际水损量：

如图 9-2 所示，该区域压力为 40m，DMA 实施前后，漏失量从 1985 年的 210L/con/d 降到 2003 年的 90L/con/d。

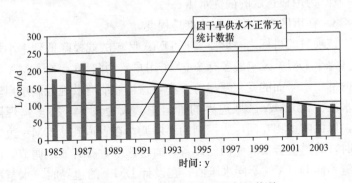

图 9-2 过去 20 年漏水水平控制的状况

如图 9-3 所示，ILI 基本维持在 1～3 之间，说明基础设施总体状况良好。

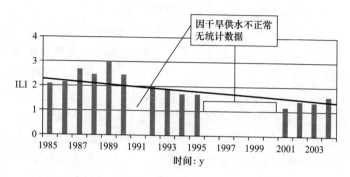

图 9-3　基础设施漏水量指数（ILI）

9.2.2　方案设计

（1）在设计 DMA 时，需要考虑的因素：

1）DMA 范围的大小；

2）DMA 内部水平面的高程变化；

3）DMA 的边界要很容易界定，并且不能经常变动；

4）DMA 区域应该能正确的定位和测定大小；

5）在 DMA 区域内，用户接入点数量；

6）DMA 边界的连续性；

7）为用户选定的最优水压；

8）在市区内实施工程的难易程度。

该项目的目标之一就是要把 DMA 区域的规模降低到中小规模（每个 DMA 区域最多有 3000 个用户），并且在每个 DMA 区域内部，水平面的变化要尽可能小，这样才能有效地控制用户端的水压。在 DMA 区域边界的管道中，人为设置了很多物理隔断，以此防止相互间压力控制的不协调。在管道到达 DMA 边界处时，管道上会安装专门的设备，通过这个设备有效地调节管道两侧不同 DMA 的不同水压值。在设计 DMA 的边界时，水董事会刻意地选择高速公路、河流等特殊地理环境作为 DMA 的边界。

（2）在设计阶段是否考虑到水的压力管理。

在对选定区域进行研究时，水董事会会仔细考察这个区域内部的水平面变化情况，并且会非常小心地计算在 DMA 内部水平面的变化会对水压产生什么样的影响。在一个有效的漏水管理制度中，压力管理是一个重要因素。从很早以前，水董事会就意识到这一点，它的最终目标就是想要在所有的 DMA 区域中安装上 PRV 装置，用此来减小水压，如果没有办法减少水压的话，公司希望能通过 PRV 来控制和稳定 DMA 区域内部的水压。

现在，每一个 DMA 区域都有自己的一个区域夜间平均压力值（AZNP），为了有效地控制每个 DMA 区域的水压，水董事会为每个 DMA 区域确定各自的低、中、高三个压力值。更进一步的，压力管理的最终目标是尽可能地减少每个用户的水压差距，这样，在为用户供水时，就不需要因为用户的水压不同而使用不同标准的装置了。水董事会现在考虑的用户端水压值是 DMA 区域两个最高等级的水压值。当然，也必须要考虑到的是，一些住在高层的用户，他们使用水公司提供的水压把水压到自己家位于房顶处水箱中。如果有这样的情况的话，水董事会将会为这些高层建筑单独安装储水池和抽水泵，以满足这些高层住户的需求，但是不会影响到其他建筑内用户的水压。以此达到有效控制水压的目的。

（3）设计时的主要方法：

在建立这个供水管网的时候，要考虑到的最重要的一个因素就是供水管网中各处的水压。这时，就要在管网设计本身的限制条件下，找到有效的方法来最好地控制水压。

（4）如何进行边界的完整性测试：

为了检测连接不同 DMA 区域的管道是否已经被准确地定位，同时也为了检测这些管道相互间是不是独立的，水董事会将实施"零压力测试"。这个测试指的是，关闭某个 DMA 区域的所有进水口的阀门，然后检测这个 DMA 区域与其他区域连接管道上的水压，如果所有的水压显示为零，那管道的独立性就得到证实。"零压力测试"一般会选择在凌晨 2 点到凌晨 4 点之间实施，因为这样不会影响到用户的用水。

（5）DMA 区域边界阀门的管理：

在设计 DMA 边界时，主要考虑到要把 DMA 区域控制到尽可能的小、能更有效控制的范围内，并在不同的 DMA 区域之间使用管道进行连接。在 DMA 区域的交界处，管道的阀门一般是处于关闭状态的，但是有时候，如果阀门因为意外打开或者长时间保持开放的状态，就很可能会发生危险。

（6）解决因永久关闭阀门引起的水质问题：

在边界永久关闭的阀门处，如果没有泄水设施，水在这些地方会变成死水，从而影响到用户的水质。水董事会会尽量避免死水的形成，但是如果不可避免的话，会考虑安装泄水设施。

（7）如何选择 PRV：

在选择仪器的时候，需要查阅所有能得到的历史数据：最小流量、平均流量、高峰时候的流量等，同时还要考虑到季节这一因素的影响。最终选定的仪器是"瓦特曼"经典款式中的 B 款，它的成本比较低，并且最大流量为 $200\text{m}^3/\text{h}$。大多数 DMA 区域需要公称直径 100mm 的仪器就足够了，但是对于一些较大的 DMA 区域来说，它需要的仪器直径要达到 150mm 才行。

（8）典型的改造后的 PRV 装置安装图示（图 9-4）。

（9）背景泄漏量和正常使用量的估算方法：

如果想要知道合理的消费者夜间用水额度的话，我们需要搜集一些数据，而在这些数据中，每个 DMA 区域的背景泄漏水平也是我们必须要知道的。在拥有了这些数据之后，我们通过使用 BABE 方法就可以得到该地区的最小夜间流量 MNF。

（10）如何从 DMA 中获取数据：

为了 DMA 的水压项目得到有效的实施，我们应该为每个 DMA 区域建立一个在线监控系统，通过使用这个系统，就可以

图 9-4　PRV 进水控制装置

得到该 DMA 区域的夜间基本流量信息——比如地区的最小夜间
流量 MNF，在此基础上，我们就能估算出该地区的漏水水平了。
为了达到上面的目的，项目实施时，水董事会为每个街区的水表
都安装了一个可以在上面编程的控制器，这个控制器上面加上了
太阳能帆板，既降低了成本又提高了效率。可编程控制器主要完
成下面这些任务：

　　1）记录水流及水压信息；

　　2）控制 PRV 的开关；

　　3）通过 PSTN 线路、GSM、无线电或者通信电缆直接与位
于水董事会的中央控制室进行通信。

　　这个在线监控系统，融合了信息技术以及无线网络技术，可
以通过使用互联网传输数据。对于那个可编程控制器，它收集的
每个 DMA 的历史数据，都可以经由控制器发送、通过网络传
输，最终被发送到一个 E-mail 账户上。我们在水董事会的控制
器中心，就能通过在电脑上编出一个程序，来每隔一个小时登录
该 E-mail 账户一次，并从上面下载数据。数据下载完成之后，
会最开始以 DMA 区域为依据对其进行分类，然后再用这些数据
更新已有的报告。我们在位于水董事会的控制室里就可以直接连
接到可编程控制器上，从而改变控制器上的程序，以此下载所需

要的历史数据，或者开关 PRV。图 9-5 形象地呈现出了在线监测系统的模板。

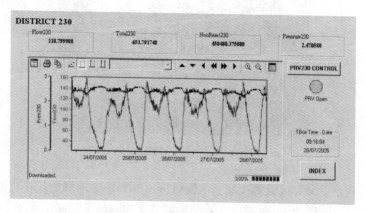

图 9-5　在线监测系统运行界面

（11）如何分析监测数据的有效性：

从每个 DMA 完成开始，水董事会就开始持续不断地收集水流的监测信息。通过搜集到的数据，我们可以为 DMA 建立一个特定的模型，在此基础上，我们就可以推导出该地区的夜间最小流量、日间最大流量、每日平均流量等信息。图 9-6 为大家展示了一个 DMA 区域的流量和压力模型。

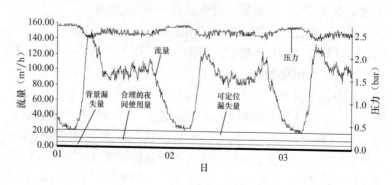

图 9-6　DMA 流量及压力曲线

（12）DMA 分区漏损状况评估及排序：

对于每个 DMA 来说，水董事会都会收集这个地区的基本数据，并使用 BABE 方法来计算基础水损失量和这个地区特有的水损失量。由于每个 DMA 区域都会有其地理环境所决定的特有的水损失量，所以我们需要计算这个数值，在计算时，使用的数据就是从在线系统中获取到的最小夜间流量这一数值。在计算出各个 DMA 的本地损失量之后，水董事会根据这个数值把 DMA 进行等级分类，对数值最高的那个等级的 DMA，水董事会会制定有效的措施来进行控制。当最高等级 DMA 的水损失量得到充分的控制之后，水董事会将会重新评定各个 DMA 的地区水损失量，然后针对这次评定中损失量最高的 DMA 制定相应策略。重复上面的这个过程，直到所有 DMA 水损失量达到满意的标准。

（13）根据评估结果决定是否对某个 DMA 区域进行漏损检测：

漏水控制小组在做出决定的时候，会将所有 DMA 区域进行排序，排序的依据就是每个 DMA 的水损失量。在例子（表 9-1）中，最需要对漏水进行定位和控制的是编号为 230 的 DMA 区域，紧随其后的是编号 225 和编号 227 的 DMA 区域。对于其他的 DMA 区域来说，由于它们的水损失量很小，所以如果对它们进行调查和维修的话，是不经济的。

第 2 压力区域内优先次序表　　　　　表 9-1

DMA 编号	实际 MNF （m³/h）	基础水损失量 （m³/h）	合理的夜间水使用量 （m³/h）	本地水损失量 （m³/h）
220	2.16	0.24	1.41	0.51
221	3.85	1.65	2.13	0.07
222	2.24	0.71	1.49	0.03
223	2.56	0.82	1.54	0.20
224	2.52	0.82	1.59	0.11
225	9.78	2.41	3.38	3.99
226	6.84	2.55	4.05	0.24
227	10.44	3.38	5.50	2.56

DMA 编号	实际 MNF (m³/h)	基础水损失量 (m³/h)	合理的夜间水使用量 (m³/h)	本地水损失量 (m³/h)
228	7.20	3.03	3.67	0.50
229	3.73	0.96	0.92	1.85
230	18.00	4.60	6.86	6.54
231	7.92	3.54	4.21	0.18
232	4.32	1.05	1.64 ·	1.63
233	3.96	1.10	1.49	1.37
234	2.44	0.23	0.97	1.24

（14）对检漏效果不明显的问题 DMA 采取的措施。

在我们莱梅索斯水董事会的案例中，水董事会通过四个基本约束条件来保证渗漏水平的降低：压力管理、管道及资产管理、有效渗漏量控制、在发生漏水时迅速和高质量的控制对管道进行维修。正是通过这四个方法来有效地降低渗漏水平，我们有理由相信这四个方法都是非常有效的，只要能充分执行，渗漏水平会得到有效控制。

（15）造成数据丢失的因素：

我们从在线监控系统中实时获取流量及水压有关的数据，但在下面情况时，会造成数据中断：

1）每六个月检查、清洗一遍所有的水表加固器。

2）每六个月检查一遍 PRV 装置，如果有需要的话，对其进行调整。

（16）通过 DMA 管理在线监测系统获得更多信息。

通过 DMA 在线监测系统我们还能获得很多很有用的信息，比如：评估实际水损失量，获得用户水需求量的真实数据，用户水需求如何随季节发生变化，水压的波动情况，爆管的频率等数据。

9.2.3 其他方面

在 DMA 的设计、安装和使用过程中，还有没有什么是很重要但是我们上面没有提到的呢？比如，在这个过程中有没有遇到什么特别的问题，我们是如何解决这些问题的?

我们必须要非常明确的是，DMA 项目的实施，其目的是为了有效地控制漏水水平，明确这一点是非常重要的。

9.3 英国，威尔士，班戈市，Dwr—库姆里威尔士水务公司

9.3.1 项目概述

(1) 对地理环境进行简述（比如，公司所在的国家、地区，公司服务的人口数据，公司的供水水压，公司在供水时对供水是怎么进行安排的)，公司为什么会考虑要施行 DMA 项目，一般一个典型的 DMA 项目从最开始的设计到最终的实施完成需要的周期。

班戈市坐落在英国威尔士地区，这是一个面积很小的大学城，主要有居民区建筑、办公室、大学建筑、商店和一些轻工业。这个地区的居民住宅是很典型的英式建筑：有些是建立在梯田上的平房，还有一些是独立公寓。

班戈市的供水装置很简单，有两个水处理基地，水处理基地距离市区较远，水处理完成之后，被输送到市区内部的蓄水池，然后蓄水池连接主输水管道，再经由输水支管道把水输送给各个用户。在整个供水过程中，没有任何有效的漏水控制方法。

实际经验证明，当地很需要有效的漏水控制方法，因为在用水高峰或者当水管发生破裂时，住在高层的用户就会发生缺水现象。整个城市位于一个山谷之中，为居民供水的蓄水池位于山谷一侧的山体上，而大多数的居民居住在山谷的谷底，还有一部分居民居住在山谷的另一侧的山体上。居民居住的地方海拔约 80m，而供水用的蓄水池海拔为 94m 和 114m。

最终公司选择了使用 DMA 的方法来有效控制漏水程度，希望通过 DMA 方法实现降低漏水的目标，并能够找到该地区有效控制漏水的方法。

完成 DMA 项目以及 PRV 安装需要几年的时间，因为在 DMA 项目实施之前，我们首先必须要进行 DMA、PRV 的设计，并对管道进行重新改建。

（2）对典型用户的供水安排进行简要描述。

在用户家里是否还有储水设备，如果有的话，这些储水设备是安装在地面还是屋顶；是否会在每个输水管的连接点安装水表；在输水过程中，水压有多大；公司的整个供水区内每户居民的供水是否是一直持续不间断的。

用户的供水是由直径为 12mm 的供水管道完成的，并不是所有的管道连接点都安装了水表。在每个用户家里，至少有一到两个冷水水龙头里面的水是由供水公司直接供应的，但是很多用户家里也有位于屋顶位置的蓄水箱，这些蓄水箱主要负责用户家里使用到的热水。公司保证 99% 的时间里，供水是不间断的。

（3）在 DMA 项目实施前以及实施后，该地区的实际水损失量是多少？可以使用的计量单位为：m^3/yr，$L/connection/day$，$litre/connection/day/m\ of\ pressure$，ILI。

最开始，通过一些样本分析，估计的整体水损失量为 440L/connection/day 或者 $6\sim8L/connection/day/m$。

9.3.2 方案设计

（1）在设计 DMA 时，需要考虑到的因素有哪些？

这些因素可以包括：相同材料的管道连接在一起（防止不同材料管道能承受的压力不同造成管道破裂或管道资源浪费）；目标 DMA 数量；水质；DMA 边界处的开关水阀数量；消防；保险；供水的可靠性；在整个 DMA 区域，争取在每个地点保持相同的水压等。

在设计 DMA 时，公司考虑到的是班戈市的地理环境因素、水质以及现在已经存在的输水装置。

（2）在设计阶段会考虑到水的压力管理了吗？

如果考虑了压力管理的话，是否考虑到了所有 DMA 的压力管理？如果没有考虑压力管理的话，公司应该如何安装压力管理装置？

　　在设计 DMA 时，公司会根据当地的地形状况，在 DMA 项目中整合进去短期或长期压力管理。

　　(3) 项目设计初期，进行了哪些调查和实验，设计时是否应用水力模型。

　　该地区最初的地下分布管网图是非常不完整的，所以 DMA 项目设计阶段的一个重要任务就是探测出该地区主要输水管道的分布状况。该地区的地理状况以及主要输水管道的分布情况实际上已经决定了 DMA 范围应该如何设计。输水管网的初步设计已经决定了整个压力管理的地区范围，也会初步确定下来哪些管道将会被丢弃不用。

　　(4) 测量区域是否建立等级？

　　比如：在各个 DMA 区域划分之上是不是还有更大的区域设置，会不会在这样的大区安装水表，是不是在设计 DMA 的时候，就会设计这样的大区，还是这些大区在 DMA 项目之前是已经存在的，如果大区是已经存在的，那是不是已经安装了水表。

　　会为测量区建立等级，每个 DMA 区有两个为用户供水的水池，每个水池的出水口都安装了一个水表，这个水表会计量从每个水池流出的水量，但是这个水量还不是 DMA 的供水量。公司的供水管网会为每个 DMA 区域修建一个供水管，在这个供水管上安装上水表来计量它的流量。实际上，在两个服务水池的上游处、水池的进水口，还会安装水表来计量水净化装置处理的水量。

　　(5) DMA 边界的完整性测试的几种方法：

　　边界的完整性测试是通过下面这几种方法来进行的：使用多种方法对阀门进行监听、监控；进行"零压力测试"，并把测试前后得到的压力值进行比较。

　　(6) DMA 区域的边界阀门管理：

　　DMA 的边界一般是由关闭着的水阀确定的，这些阀井盖会被涂成红色，之后，公司会在电子地图系统中把这些水阀用专门的标记标出来。如果因为什么意外，这些水阀打开，系统会自动生成报告通知工作人员。

（7）新建的 DMA 边界，是否包括压力控制设施：

在关闭的水阀标志的边界处，都重新安装了压力控制设施。

（8）在对边界阀门操作时，会把操作过程记录下来：

在 DMA 项目实施的初期，我们要非常仔细地检查边界处的每个水阀，确定每个水阀都是处于关闭状态的。在 DMA 项目完成之后，如果任何人想要对水阀进行操作时，都要报告给 GIS 系统，让该系统把这次的操作记录下来。

（9）仪器的选型和规格：

仪器最终选择的是"瓦特曼"品牌，它可以产生脉冲形式的水流输出。DMA 大多数需要 $80 \sim 100mm$ 的仪器，有些地区甚至需要 $150mm$ 的仪器。

（10）仪器安装过程和安装方式：

除了安装在蓄水池控制箱里的仪器外，其他仪器将会安装在地下的仪表箱里。是否需要安装旁路，这需要根据具体的环境来确定，如果为了以后替换方便，就会安装旁路。

（11）评估渗漏水平时如何计算用户的夜间用水量：

以前，每个公司的用户夜间用水量是通过英国水务公司实践得到的数值，但是现在，这一额度是通过收集用户夜间用水量和背景泄漏水平，再使用 BABE 方法确定得到的。

9.3.3　DMA 的应用

（1）如何从 DMA 中获取数据：

在 DMA 项目实施中的所有数据都会被记录下来，我们可以通过很多种途径收集这些数据，并且会即时地把数据存储到日志中去，不会有任何延迟时间，而当天就可以对这些数据用电子方式进行检索，如果流量或者水压超过了警戒线，当时就会发出警报。

（2）如何分析监测数据的有效性：

我们会在模型中得到一组模拟数据，然后把实际中测得的数据与模拟数据进行比较，也会用相邻 DMA 的数据与本 DMA 区域数据进行比较来检验数据的有效性。

（3）通过估算背景漏水量和夜间使用量，评估区域漏水状况。

每一周，公司会在 MNF 值的基础上，使用 BABE 方法得到估计的基础水损失量，然后再加上估算的用户夜间用水量计算 DMA 的流量实际损失值。计算之后，如果发现某一个 DMA 区域有很高的实际流量损失，那公司就会为该地区建立一套有效的漏水控制装置。一般情况下，公司会通过使用最小夜间流量 MNF，使用"自下而上"的水损失量评估方法，然后再与水平衡时的数据进行比较，比较之后，再为 DMA 制定相应的控制策略，从而达到降低漏水水平的目标。公司会从用户的水表上直接读取用户的水需求信息，然后在根据人均耗水量这个指标估计出没有在水表上显示的用户需水量。公司正是通过这个方法来得到所需的数据的，需要注意的是，在这个过程中，所有工业用水也都计算在内了。

（4）DMA 分区漏损状况评估及排序：

公司专门设置了巡视员这一职位，每个巡视员负责监视多个 DMA 的数据，而一个 DMA 也由多个巡视员负责，每周，巡视员都会得到每个 DMA 的数据报告，在这个报告的基础上，巡视员就可以知道实际损失量了。我们可以利用每个 DMA 区域总损失量，也可以利用每 100 个连接点的水损失量来对 DMA 区域进行优先次序的排序。

（5）对检漏效果不明显的有问题的 DMA 采取以下措施：

假如漏水水平没有降低到预计的标准，而这个预计标准对公司来说非常重要的话，那公司就会安排额外的人力对其进行调查、查看 DMA 边界的完整性、查看夜间用户的额外用水量，并最终把实际水损失量降低到需要的水平。

（6）数据和设备的维护周期：

每天，公司会对数据进行监测，每年，公司会对压力控制装置进行维护。

（7）归纳一下，通过 DMA 项目你还能得到什么其他的结论，比如：评估年度的水损失量、分析用户对水的需求总量、分析按人口平均计算的水消费量（PCC）、分析基础设施条件因子（ICF）、计划、实施监测、计算供水成本、评估漏失率、建立水力模型、水力模型的校核等。

PCC 和 ICF 是渗漏水平控制的重要指标，公司在分析 DMA 数据的时候，会决定这两个数值应该控制在什么样的范围之内。随着现在水力模型变得越来越复杂，模型已经包含了所有的主要输水管道，DMA 的流量模型会被用来确定 DMA 内节点的数量。

9.3.4　其他方面

在 DMA 的设计、安装和使用过程中，还有没有什么是很重要但是我们上面没有提到的呢？比如，在这个过程中有没有遇到什么特别的问题，公司是如何解决这些问题的？

公司意识到，DMA 项目成功控制实际流量损失的一个重要因素，就是对承诺的遵守，并且公司进一步意识到，现在取得的成功意味着公司需要继续履行一个更加长久的承诺。比如，经过 DMA 项目，公司现在的输水管道大多数已经持续运作了 20 多年了，而在这样的情况下，公司还是能够保证为用户持续不断的供水，即使是在用水高峰期，也要保证没有用户处于缺水状态，除了这个保证之外，公司已经将漏水水平从 440L/连接点/d 降低到了 110L/连接点/d。

9.4　马来西亚，柔佛

9.4.1　项目概述

这个项目是在马来西亚半岛最南部的柔佛州实施的，项目涉及 800000 户登记在册的居民，涵盖了整个柔佛州的所有常住居民。

该州供水水压一直以来是保持在 1bar 到 7bar 之间，而该项目实施的主要目的是要把具有 3bar 以上的阀门的水压降低下来。

州政府与 Ranhill 饮用水公司签订了一份合同，合同中要求 Raihill 公司在 2010 年前将该州的整体 NRW 值从 36.6% 降低到

20.0%。当前，公司需要对整个柔佛州的 650 个 DMA 区域进行检测，而在接下来的两年时间里，公司需要把 DMA 区域扩展到 800 个并覆盖全州 100% 的居民住户。

非收入水量（Non Revenue Water）这一指标是揭示饮用水公司控制漏水水平的一个重要指标，它是公司供水量与售水量的差值。

为了有效地控制漏水，供水公司需要把自己的辖区细分成更小的区域，这些更小的区域的面积要降低到公司可以管理的范围内——这些更小的区域就叫作 DMA（District Metering Area）。每个 DMA 区域会从主输水管引入一个专门的管道负责这个区域的供水，而在不同的 DMA 区域之间会产生连接点，这些连接点使用阀门进行连接，不过这些阀门永远处于关闭状态。这就保证了每个 DMA 区域引入的水所拥有的水压是可以检测并可以控制的。

建立一个 DMA 区域大概需要 1 个月的时间，在这个月里需要做的事情有：画出输水管道的线路图，对每个管道内部的水压进行测量，零压力测试，确定合理的夜间流量，在管道上安装监测仪表，第一时间测试到水压信息。

在 DMA 中，公司通过使用净夜间流量数据（Net Night Flow）可以得到该区域的真实水损失量信息。在这个项目的初始阶段，公司测得的实际水损失量在 5L/s 到 50L/s 之间，通过实行有效的漏水控制策略，DMA 夜间管道水损失量平均降低到了 2.5L/s。

大多数家庭都有自己的储水箱，他们通过这个储水箱来为自己提供用水，一般，这样的储水箱容积为 $0.5m^3$。每个储水箱只允许安装一个水龙头。所有用户的储水箱状况会登记在册，然后每个月检查一次。用户接受的水压至少要保持在 7.6m 的压差以上。现在，公司已经实现了为所有用户 24 小时供水。

9.4.2　方案设计

设计 DMA 时，需要参考的要素有：

（1）每个 DMA 内包含 500 到 2000 个连接点。

（2）每个 DMA 区域只有一个输水管道接入。

（3）有效保持用户端水压的最小压差。

（4）连续供水。

（5）处于 DMA 区域边界阀门能准确定位，并处于关闭状态。

（6）阀门应该要能接受测试或者要能够安装新的阀门。

最开始，我们需要对 DMA 区域及其相邻区域进行压力值的调查，从而在调查得到详细数据的基础上，画出这个地区的水压等压线。在 DMA 区域其及相邻区域，我们要标示出高压力点、低压力点等，并在控制器中记录下来，所以在把某个 DMA 区域隔离起来之前一定要首先在这个区域内安装上压力表。

在 DMA 区域建立之前，需要事先做好以下事情：

（1）在确定了 DMA 的区域之后，对这个区域的位置进行调查并确认，然后画出草图；

（2）水压调查；

（3）零压力测试；

（4）通过样本调查确定合理的夜间流量；

（5）进行初始的流量估算，估算出高峰期流量、最低流量、流量一天的变化趋势以及基本的漏水损失水平。

确定所有边界阀门的位置，关闭这些阀门，然后再在阀井盖上涂上红色标记。

在这个项目中，公司选择电磁流量计作为测量流量的标准仪器。经验表明，在用水高峰时使用机械流量计由于水流压力差比较大会出现较大的误差，并且机械流量计上面的纤维材料会堵塞过滤器从而导致不畅通。现在，电磁流量计就被认为是一种稳定、高效的获得水流数据的仪器。十年前柔佛州全部安装了电磁流量计的早期版本，十年内这些流量计没有发生过大的损坏事件。

这种电磁流量计的大小是根据所要求测到的最大流量以及最小流量来设计、确定的。流量计所能测到的最小压力差可以根据环境的不同而进行调整，并且在流量计未投入使用前的设计阶段就考虑到公司以后更深一步的需求。

由于电磁流量计是免维护的，所以在安装的时候，电磁流量计就被埋在了地下，在地面上安装了一个柜子，然后把电磁流量计所需要的交流电缆安装在这个柜子里。由于交流电缆的两头都安装了法兰接头，所以电磁流量计的软件部分可以实现在线安装，由于以往经验表明，过滤器只会带来负面影响，所以电磁流量计上没有安装过滤器。

9.4.3 DMA 的应用

每个月，公司会读取一次流量计上的数据，然后计算出每天的平均水消耗量。假如计算的结果表明每日的平均日耗水量逐渐增加的话，我们就能计算出来该地区的漏水水平了。假如该地区基本漏水水平增加 20％ 的话，我们就可以通过安装手工控制的记录器来记录最小夜间流量。

如果每夜流量超过 2.5L/s 的话，公司就会派出漏水控制小组对这个地区的漏水进行检测、维修。每个 DMA 区域都会安装上永久的记录装置，每个地区的夜间用水量都会逐日地记录下来，这些流量和水压信息会被传送到公司总部的控制室进行分析。

在扣除掉合理的夜间流量之后，记录下来的每夜流量就可以被转化为净每夜流量（Net Night Flow）。这个数据就可以用来计算该 DMA 区域的基本水损失量了。非收入水量（Non Revenue Flow）的其他组成部分只有在计算水平衡（Water Balance）时才会被计算出来——计算水平衡是这样的一个工作：通过查看分析历史数据，确定公司需要为居民提供多少水量才能保持居民用水的充足性，同时又不会让公司产生水资源的浪费。

每个月，公司会查看一次每个 DMA 区域水表上的数值，在此基础上，公司会为所有 DMA 区域列出一张表格，以此显示所有 DMA 的渗漏水平。然后根据 DMA 的净夜流量值，把所有 DMA 区域进行优先次序的排序。假如一个 DMA 区域的 MNF 值超过 5L/s，公司就会为这个地区专门派出一个漏水控制小组，这个小组主要负责检测肉眼能看得到的渗漏事故。如果想要得到更精确地渗漏数据，就要使用噪声检测器或者其他相关仪器对整个DMA区域或者DMA的细分地区进行检测。对于一些地区，在经过漏水控制小组的检测之后，如果该地区的漏水问题没有得到有效地解决，那公司就会为这个地区安排进一步的测试。这个测试会更加的复杂，通过这项测试，公司会缩小漏水发生的范围、确定漏水水平、找到漏水发生的原因——是由于水压造成的，还是管道材料、管道使用年限、土质、安装时的人为因素造成的，或是其他的相关原因。在确定了漏水发生的范围之后，为了降低这个地区的漏水水平，推荐的方法是管网改造或者实施压力管理。

在进行进一步的测试之前，公司一般会对DMA边界进行一次全面的检测。每个月，DMA边界处的阀门都会被检查一遍，以确定每个DMA区域都只有一个入水口。假如没有特别的事件发生的话，合理的夜间流量这一指标需要每五年计算一次。

在建立DMA区域的过程中，除了要进行漏水损失量控制之外，我们还会得到其他的相关数据：

（1）逐年的或者逐月的水损失量；

（2）用户的水需求总量；

（3）人均耗水量；

（4）压力管理；

（5）用水量的发展趋势；

（6）每个客户的标记；

（7）管道修复工程；

（8）每日监测水压及流量数据。

9.5 哈利法克斯区域水资源委员会

9.5.1 项目概述

（1）对地理环境进行简述（比如，公司所在的国家、地区，公司服务的人口数据，公司的供水水压，公司在供水时对供水是怎么进行安排的），公司为什么会考虑要施行DMA项目，一般一个典型的 DMA 项目从最开始的设计到最终的实施完成需要多长的周期。

哈利法克斯区域水资源委员会位于加拿大新斯科舍省省会和最大城市哈利法克斯市内，现在它所服务的人口数已经达到 320000 人，需要为这些用户提供压力为 50m 的饮用水服务。负责哈利法克斯市区饮用水的是两个地表水库：库容量为 180MLD 的水库负责西区住户的用水，库容量为 90MLD 的水库负责东区住户的用水。哈利法克斯区的主要输水管道有很高的管道破损率，随着新水库的修建来负责东区的用户用水，以及用户用水边际成本的不断增加，如何降低哈利法克斯地区实际水损失量已经成为越来越要优先考虑的事情。哈利法克斯地形比较复杂，从海平面 0m 到 170m 都有人居住，所以就需要更细致的压力区域设置以及更多的蓄水站。这些压力区域和蓄水站往往就是只在其控制室安装上了流量计，但它们构成了 DMA 区域划分的雏形。1999 年，哈利法克斯第一次知道了 DMA 对漏水控制的作用，HRWC 便启动了一项 DMA 项目，以降低该地区的漏水水平。经过六年的实施，这个项目已经接近了尾声。

（2）对典型用户的供水安排进行简要描述：在用户家里是否还有储水设备，如果有的话，这些储水设备是安装在地板上还是安装在屋顶的；是否会在每个输水管的连接点安装水表；在输水过程中，水压有多大；公司的整个供水区内每户居民的供水是否是一直持续不间断的。

每个居民住户都有自己专有的供水管，这个供水管的平均水压为 50m。住户没有自己专门的储水箱，而整个供水系统的水压处于稳定不变的状态。每个居民住户家里有一个水表，通过这个水表，公司获得相应的数据。

（3）在 DMA 项目实施前以及实施后，该地区的实际水损失量是多少？可以使用的计量单位为：m^3/y，$L/con/d$，$L/con/d/m$❶，

———————————
❶ m 为水压。

ILI。

1999 年，在 DMA 项目实施之前，该地区全年的水损失量为 18055000m^3，2005 年 3 月 31 日测得的该地区全年水损失量为 8101000m^3。1999 年到 2000 年间测得的第一个 ILI 值为 6.4，到了 2005 年 3 月 31 日，这个数值已经变成了 3.8，我们预期在 2005 年到 2006 年这个数值将会降低到 3.4。

9.5.2 方案设计

(1) 在设计 DMA 时，需要考虑到的因素有哪些？这些因素可以包括：相同材料的管道连接在一起（防止不同材料管道能承受的压力不同从而造成管道破裂或管道资源浪费）；DMA 数量、水质、DMA 边界处的开关水阀数量、消防、保险、供水的可靠性，在整个 DMA 区域，争取在每个监测点保持相同的水压等。

在设计 DMA 时，考虑到的因素有：每个 DMA 区域一天就能看查完毕；要考虑到消防用水需求；要考虑商业用水需求；要考虑多重或冗余供水管道、水质、水表的位置以及用水大户等。

(2) 在设计阶段会考虑到水的压力管理了吗？如果考虑了压力管理的话，是否考虑到了所有 DMA 的压力管理？如果没有考虑压力管理的话，公司应该如何安装压力管理装置？

我们目前也是刚刚开始考虑供水的压力管理，但是我们将会继续不断地把水力模型应用到 DMA 项目中，这需要考虑到：基础设施因素、历史上的数据信息、DMA 区域内的平均水压以及压力管理实施的成本等。

(3) 设计时的主要方法。可以包括：在项目设计初期，进行了哪些调查和实验，设计时是否应用了水力模型。

最开始，先在纸上设计出来 DMA 区域的边界，设计时，也会考虑到现在已经存在的边界。然后使用上面问题中确定的标准，最终设计出 DMA 的边界，在地图上绘制出来，然后把这个地图提交给上级工程师进一步的核实。不管 DMA 的边界需要发生什么样的变动，公司会立即改变整个 DMA 模型以保证 DMA 区域内所有用户的供水。几经调整之后，公司会建立起一个临时的 DMA，并对这个 DMA 进行测试以获得夜间流量数据。

（4）会为测量区域建立等级吗？比如：在各个 DMA 区域划分之上是不是还有更大的区域设置，会不会在这样的大区安装水表，是不是在设计 DMA 的时候，就会设计这样的大区，还是这些大区在 DMA 项目之前是已经存在的，如果大区是已经存在的，那是不是已经安装了水表。

在哈利法克斯，确实是有等级测量区域存在的，与此同时也存在着层叠测量区，在这些区域水流会从一个 DMA 区流入到另一个 DMA 区。在大多数情况下，这样的区域存在的主要原因是 DMA 区域需要一个特定的水压值，或者需要特定的边界。

（5）边界的完整性测试是如何进行的？是不是需要对阀门进行监听，是不是会在整个 DMA 区域进行"零压力测试"（把整个 DMA 区域与其他地区孤立开来的时候，在阀门上的装置会检测到水的压力为零。），是不是会在所有边界处都测试一下是不是压力达到了零，还是会用到其他的方法。

对于一个特定的 DMA 区域来说，除了一个供水阀门是处于开放状态外，其他所有确定的阀门都处于关闭的状态。在每个 DMA 区域边界处的外侧将会安装上压力监测仪，这些压力监测仪测得的压力将会降到最小。在 SCADA 系统中，如果该地区流量有任何变动，相邻 DMA 区域的流量及压力都会被记录下来。公司将会对这些数据进行研究，以确定流量的变化没有影响到边界的完整性。当 DMA 边界的压力处于最小值的时候，边界上所有的阀门都是处于关闭状态的。

（6）我们如何界定和管理 DMA 区域的边界？比如：边界处的水阀是不是已经处于关闭状态并进行标记了，管道的末端是不是已经被移除或者已经做了标记来说明这个地方是永久性的边界点。

DMA 的边界一旦确定下来之后，边界上所有的阀门都会被纳入 GIS 系统，这些阀门将会通过 GIS 系统被关闭，并在 GIS 系统的地图上用一个特定的标记来表明这个阀门的状态。在每个阀门箱的内部，我们也会标记上专门的标志以确定这些阀门不会被人为地开启。

（7）我们现在建立的新边界，会包括压力控制设施吗？

水流到管道的末端可能会变成死水，从而影响到水质，如果有这个问题发生的话，以前的方法是在阀门处安装泄水阀，在固定的时间把死水放出去。现在，我们要把这种情况降低到最小的程度，一般的方法是建立一个回收系统，把这些死水收集起来。

（8）现在有没有存在着任何装置——比如阀门——能准确地确定 DMA 的边界？

在 DMA 项目中，通过阀门管理，公司会得到所有的阀门的信息，但是，处于边界处的阀门会被记录下来，但不会对其进行任何的操作。

（9）如何选择仪器？这涉及如何选择仪器的类型以及仪器的大小。

对哈利法克斯区域水资源委员会来说，仪器的大小及类型是根据不同地点的不同状况确定的，DMA 不同地区需要的仪器性能和特征是不同的。总体来说，对于大部分地区，管段式电磁流量计是一个不错的选择；但是对于直径超过 200mm 的管道来说，外夹式的超声流量计就成了最优选择；而对于直径为 100mm 的管道或者直径更小的管道来说，最好选择管段式涡轮机并使用旁路的方式。但是不管是使用哪种装置，哈利法克斯区域水资源委员会都要求这个装置能提供 SCADA 系统的接口——不管是以脉冲方式还是数字方式。

精确性是对所有仪器的基本要求，并且还要要求所选用的仪器能够轻易地进行校准。

（10）描述一个典型的仪器安装过程（比如：是不是会在仪器上安装上旁路，会使用什么样的材料以及连接头，水阀门和消防栓会安装在哪里，整个装置是否会安装在地下等。），最好是用表格或者图形来表示。

哈利法克斯区域水资源委员会对 DMA 仪器的安装过程进行了标准化。如果需要对水压进行控制的话，就要在管道上安装一个旁路，然后在与管道平行的位置装上一个小的 PRV 设备。如果是要为消防或者其他厂家提供大量的水需求时，就要平行地安装一个大的 PRV 设备……在这个大的 PRV 设备上需要安装一个限位开关，并且要把这个开关设置在开启的状态。如果不需要对水压进行控制的话，就可以把电磁流量计掩埋在地底下，通过检测孔把流量计与 RTU 面板连接起来，然后再在附近的立柱上安装上操作面板。在检测孔的位置一般会选择具有柔韧性的钢质材料，PRV 拱顶一般会选择不锈钢。超声波装置一般情况下会用皮带捆绑到水表的边缘处。在水表的两侧会单独地安装上两个阀门。除了抽水站之外，所有的仪器都会安装在地底下。

（11）如果需要的话，在评估渗漏水平的时候，怎么样计算用户的夜间使用额度？（表 9-2）

估算夜间流量所需标准参数　　　　　　　表 9-2

	输入数据	默认值	计算结果
估算夜间流量所需的标准参数			
房屋占有率		3.00	每个居民住宅中的人数
夜间厕所利用率		6.0%	每人，每三到四个小时
厕所内水槽的平均大小		14.0	L
夜间厕所平均用水量		2.52	L/（户·h）
假定		1.0%	每户的厕所水槽漏水率
假定		2.5	每户的厕所水槽漏水量
假定的厕所用水量		10.0	L/h
假定平均水渗漏量		0.25	L/（户·h）
经过计算后，用户其他水渗漏量		0.25	L/（户·h）
用户夜间耗水量		3.02	L/（户·h）
非住宅用户夜间耗水量		10.0	L/（非住宅户·h）

9.5.3 DMA 的应用

（1）怎么样从一个典型的 DMA 中获得流量数据？这个包括：收集数据的频率，隔多长时间对数据进行一次存储，这些数据是不是存储到日志中去，并且在检索时，是用手工进行检索还是通过电子方式进行检索；压力是不是会记录下来？

每隔 45 到 90 秒钟，我们的 SCADA 系统会从 DMA 水表中读取一次数据，每分钟系统会存储一次数值，这个数值包括水的流量数值和压力数值。

（2）我们如何检查上面的流量数据中哪些数据是有效的？

在每个站点上，会安装一个对数据进行检测的装置，用这个装置来检测从水表中得到的数值，如果两个装置得到的数值相同，那就会将数值提交给系统进行保存。前提是要保证每个水表与其他水表是相互隔离的。

（3）请描述一下，上面得到的流量数据是如何用来估算流量的实际损失值的？这个流量数据是否包含了夜间流量管理数据和供水需水平衡时的数据？这是怎么达到平衡的？国际水协是否使用了这个水平衡数据？如果在 DMA 中使用到了水平衡数据，那是在哪个阶段用到的，在使用这个数据的同时，有没有计算用户的水需求量？

哈利法克斯区域水资源委员会的软件会自动地将夜间流量按每 3 到 4 个小时平均划分，并计算其平均值，然后再把这个值与每个 DMA 的最小夜间流量进行比较。到目前为止，哈利法克斯区域水资源委员会还没有为每个 DMA 区域计算各自的 ILI 值，但是，现在通过定期读取水表中的数值，就是为了能早日建立 ILI 值。

（4）简要描述漏水控制小组实施 DMA 项目时，做出决定的过程。这可能包括：做决定过程中的优先次序问题，同时还需要展现出来什么样的指标我们需要进一步加工，DMA 中什么样的数据可以直接作为结果使用。

哈利法克斯区域水资源委员会会把历史数据发布在一个内部

网上，然后通过这些历史性数据，使用委员会内部的一个应用软件计算出来最近五次的实际夜间水损失量（2003 年和 2004 年的平均值），再把这几个数值与每个 DMA 区域的最小夜间水损失量进行比较。如果哪些 DMA 区域的夜间水损失量水平过高，委员会就会为这些 DMA 区域派去检测小组。

（5）如果渗漏控制小组对 DMA 进行了调查，但是渗漏水平没有降低，会怎么样？

一般情况下，渗漏控制小组在查找漏水的发生地点方面非常的成功，但是，如果进行了第一遍的查找之后，他们还没有确定下来漏水地点，他们就会使用一个更加积极、更加细致的方法：查看所有的阀门和地面裂缝。如果这些方法还是不见效的话，他们就会测量、计算该地区的夜间水利用率来确定漏水地点。至此，如果渗漏水平还是无法降低的话，他们就会为该地区引入高级的压力管理系统。

（6）对整个 DMA 项目的数据维护进行描述，比如如何检查 DMA 边界是否发生了变化、对 DMA 数据进行审计、压力数据的保存和重新测量等。在对数据进行维护的时候，我们还需要知道的是，这次维护到底是日常所进行的呢，还是在发生了突发事件时进行的。

每年的春季是漏水事件发生较多的时间。哈利法克斯区域水资源委员会会为每个 DMA 区域建立一套标准的压力等级系统。虽然位于 DMA 边界的阀门一直是处于关闭状态的，但是工作人员还是会对其完整的进行一遍检查。如果 DMA 运行状况不是特别好，并且该地区的漏水水平有所增加的话，工作人员会立即对这个地区的阀门进行逐一排查。

（7）归纳一下，通过 DMA 项目你还能得到什么其他的结论，比如：评估年度的水损失量、分析用户对水的需求总量、分析按人口平均计算的水消费量（PCC，Per Capita Consumption）、分析基础设施条件因子（ICF，Infrastructure Condition Factor）、计划、实施监测、计算供水成本、评估漏失率、建立水力模型、水力模型的校核等。

DMA 被用来确定 ICF 数值的大小、对用户水量需求进行研究、建立并校正本地区的水力模型。如果该地区失火的话，可以用 DMA 的数据来确定救火用了多少水量。进行基础设施建设时的用水量也可以通过 DMA 的数据计算得到。可以检测并优化整个供水系统的运行状况。

9.5.4 其他方面

在 DMA 的设计、安装和使用过程中，还有没有什么是很重要但是我们上面没有提到的呢？比如，在这个过程中有没有遇到什么特别的问题，公司是如何解决这些问题的？

如果在 DMA 管道的末端设置一个用水需求很大的用户（比如：大的工厂等）的话，可以保证 DMA 管道内的水质是新鲜干净的。在北美地区，由于每个地区的输水管道还要承担起该地区消防救火的用水需求，并且每个地区是由多条供水管道同时负责供水的，所以在这些地区的主干输水管中，水的流速很低，在这些地区如何选择流量监测设备就成了一个很大的挑战。

9.6   在印度尼西亚雅加达降低漏水水平

（1）摘要

印度尼西亚首都雅加达，每年生产的水量会有一半在输水管道中渗漏损失掉。由于当地的环境——较低的工作压力、非金属制的管道、地面上很高分贝的噪声等——都使得声控装置在当地得不到很好的应用。通过当地政府一步步的实践，通过量化漏水水平来控制当地的漏水已经被证明是很成功的。

在整个项目中，把输水管网的压力控制在一个较低的水平已经是重中之重。当地政府通过建立一个数学模型，并将这个模型应用到实际工作中，来架构一个水压和漏水控制系统。

（2）介绍

水资源是世界上最有价值的资源之一。如果没有水，任何生命都无法存在。有专家预测，在未来的 20 年间，全世界将有三分之一的人口处于缺水状态。虽然，现在的状况已经是如此严峻，但是让人惊讶的是，现在世界上大多数城市的输水管网在输送水的过程中，会在管道中流失掉输送的水资源总量的一半左右。当今的状况，让人们对自己的前景充满了悲观看法。在输水管网中建立蓄水池，白天的时候利用蓄水池为用户提供饮用水，晚上的时候，往蓄水池里输水，这一方法已经在世界上大多数国家得以应用——从中南美洲到亚欧大陆都在使用这个方法。但是现在出现了一些极端状况，有一些国家和地区甚至为了水资源开始了战争。世界上三分之二的国家和地区都面临着极端危险的缺水危机，现在全世界面临的一个挑战就是如何解决这场危机。

随着世界人口规模的快速增长，现在缺水状况已经变得非常严重。印度尼西亚首都雅加达的案例给我们提供了一个很好的可供借鉴的实例，它告诉我们，现在解决缺水危机的重要方法就是充分利用现有的水资源，尽量多地减少在水输送过程中浪费的水资源。然而，想要减少浪费也要克服很多的障碍：首先我们对整个输水管网的构造还没有一个清楚的了解，如何在此基础上找到最有效的方法就成了更困难的事情，即使找到了这个方法，如何把它应用到世界各地也是需要考虑的——因为各地使用的技术差异很大。

（3）雅加达的情况

雅加达共有一千两百万居民，并且这些居民在城市的居住地点是杂乱无章的（图 9-7）。在 20 世纪 90 年代末期之前，雅加达居民所需的饮用水是由两个独立的私人公司提供的。本文中提到的项目是由 Palyja 公司管理的，该公司隶属于苏伊士集团。

整个市区的供水管网长度超过 3000km，这些管道主要是由非金属制的直径在 25～1200mm 之间的管道组成的。整个输水管道中的水压很少有能超过 15m 的，大多数地方的水压都保持在 10m 以下。一些极端的状况，甚至在供水管网的某些地方，

图 9-7　雅加达的基本状况图

一整天的水压都为零。雅加达市区内的大多数供水管道是承包给承包商来完成的，这导致的结果就是，很多街道有四种不同的输水管在工作，而你想要从市政府得到市区规划图是基本上不可能的。更进一步地说，在建设新的输水管道的时候，旧的输水管道并不是总会被抛弃的，就像许多亚洲城市一样，市区内非常的嘈杂，交通环境也很差，走在大街上，你会觉得雅加达是从来不会停止堵车的。从饮用水公司流出的水中 46％ 会成为非收入水量，而这些非收入水中 75％ 是因为技术的原因造成的。考虑到雅加达的土质以及市区内大部分的街道都是混凝土街道，我们可以知道，大多数的水损失根本就是无法用肉眼看到的。而街道上几乎所有的挖掘任务都是手工进行的（图 9-8）。

在传统技术条件下，要确定漏水的具体位置，用到的仪器主要是声波设备，比如相关仪、听漏仪以及听漏棒等。但是，如果想要成功地使用这些装置还是需要条件的，比如需要在输水管中把水压增加到足够高以便于产生足够高的泄漏噪声，还要能很好地把噪声传输到地面———一般这就需要输水管为金属制的，另外还需要精确的管网图、控制地面较低的其他噪声干扰等。在雅加达，这些条件几乎不能实现，所以我们迫切要找到一项全新的技术，彻底改变以前那种收集数据和漏点定位方法。

图 9-8　雅加达街道上，工人用手在进行挖掘工作

（4）技术方法

假如有人失踪的话，如果我们在整个城镇里漫无目的地找，很可能找很长时间也找不到这个人；但是如果我们能够知道这个人肯定在某个房子里，即使不知道他确切在哪个房间，找到他的概率也会大大增加。这个方法对于查找漏水点同样适用。如果我们把市区的所有输水管道永久地划分成一定数量的较小区域（图9-9），每个区域由特定的某个主管道负责供水，互相之间不会有交叉。这时，如果发生漏水的话，我们可以明确地知道是哪个部分出了问题，这时再定位具体的地点也会变得非常容易。随之产生的结果就是，只要漏水控制小组把目光放在那些很容易发生渗漏事故的地方，就能把整个市区的漏水控制在较低的水平。

这个方法并不是雅加达独创的。在英国和世界上很多地区，DMA（District Meter Area）的概念已经得到了很多人的认同，并已经在应用中取得了很大的成功。但是，同样的方法并不是在各个地方都能得到有效应用的，比如，雅加达，这里地理范围

163

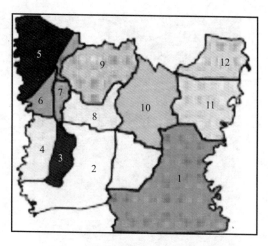

图 9-9　UPPS 的永久区域划分图

广、地形状况复杂，并且大家对输水管道的状况一无所知。

　　建立一个控制系统的主要目的是为了能够实时的量化当地漏水水平，并能在发生新的漏水状况时，第一时间检测得到。所以，如何选择渗漏区域的边界就显得至关重要了。一个常用的确定漏水区域边界的方法就是使用自然存在的界线，除了选择合适的界线之外，了解现在输水系统的水压操作状况也是很重要的。

　　当确定了边界后，如果仅仅是关闭边界阀门来分区，往往只会适得其反，降低整个供水管网的供水能力。在雅加达，如果不经过严密的考虑就使用这个方法的话，结果往往很可能只是降低本身已经很低了的水压。然而，现在的整个供水管网中，很多管道内部的水压已经接近为零了，这些管道根本不可能发挥任何控制水压的功能。这就意味着，如果把这些管道拆除掉的话，不会影响到任何供水效果，所以在细分管网范围时，一个重要目标就是要确定这些管道的位置并把它们拆除掉。实际上在雅加达，事情正是这么进行的，在这个过程中应用了数学模型。

　　使用为雅加达建立的这个数学模型（图 9-10）的一个重要前提就是：要精确地找出整个供水管网历史数据中错误的地方，

并且要清楚地了解管网压力控制的方法。数学模型中包括了所有直径大于或等于125mm的管道的数据信息，并把用户的水消耗量进行准确的分配。在此基础上，要通过数学模型计算出来每个管道的压力值，然后再把这个计算出来的数值与实际测算出来的数值进行对比校对。实际上，在对模型中的数据进行校对的过程中，会发现一系列不规则的点，这个模型就是根据这些不规则的点把整个供水管网进行更进一步地划分。每个被划分出来的区域会有最多三个主要供水管进行供水，并且会在这些供水管上安装上流量监测仪。除了这些主要的供水管之外，本区域与其他区域之间的连接点上的水阀都会永久性地处于关闭状态，以此产生永久性的区域边界。由于雅加达市使用了这个数学模型，关闭的阀门数量被降低到了最小数目。

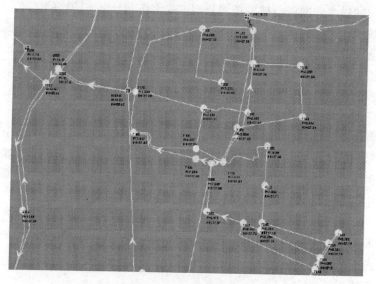

图 9-10   雅加达市所使用的数学模型

项目在雅加达大规模实施之前，先在一个实验区进行了测试，这个实验区共包括1200km长的输水管道，整个实验区最终被划分成了12个永久独立区。实验证明，整个实验过程中，遇到的唯一一次困难发生在对供水管网中 Blok M 地区供水区界线的划分时，这个地区有很稠密的人口密度，发生困难的原因可以归结为地图上没有准确地反映出这个地区的真实管网图，并且这个地区有非常低的水压值。在为每个永久独立区域建立专门的漏水标准并对这些标准进行量化之后，我们就能为所有的独立区建立一个优先次序，通过参考这个优先次序，我们就能有效地定位漏水发生的地点了。

为了达到上述目的，实践证明，最具有代表性的参数就是每单位长度的主干管道发生的漏水量，这不仅仅是因为这个参数很好测量，更是因为这个参数给出了一个直接减少漏水水平的标准。

一旦一个永久独立区域的渗漏水平发生变化的话，这个区域内的供水管网将会被重新划分，这些重新划分出来的小的区域就被叫作"临时区域"。每个临时区域一般会拥有 20km 的管道长度，并由单一的一个供水管供水，在供水管上会装有一个管段式流量计。目前为止，即使每个区域的划分都是按照数学模型得出的最优设计，但是如果想要保持现在压力值不变而永久性地关闭区域边界处的管道的话，还是会出现各种各样的供水问题。为了解决这个问题，当一个区域确定下来时，会在这个区域进行一个星期的测试，这也是"临时区域"这一术语的来源。正是通过这种方法，雅加达市逐步缩小漏水事故发生的范围，等这些渗漏发生的原因排除之后，临时区域就能变成永久区域了。

相比较建立永久性区域来说，建立临时区域需要对整个管网的构造有更准确的了解。这就需要对整个管网的构造进行全面的调查研究，在调查研究时会用到压力测试和数据矫正等多种方法。

由于地图上标明的情况和实地的状况有着各种各样的差别，调查研究就成了一个非常耗时的事情。幸运的是，只有在非进行不可的情况下，才会进行调查研究的工作。

现在临时区域的数目已经占到永久独立区域数目的 40％了，

166

而这些临时区域大多数都有漏水现象发生。随着夜间测试的逐步进行，有越来越多的区域已经与其他地区隔离开了。区域隔离也伴随着管道内流量的减少现象同时发生，正是通过这样的方法，我们能够准确地定位渗漏水管的具体位置。

我们曾经利用声波设备做过一个实验，这个实验表明：在漏水处的噪声很小、加上雅加达土质的声音传播效果很差的情况下，利用声波设备探测漏水点是一个基本不能完成的任务。应对这个问题，最好的解决方法就是把所有出现漏水现象的水管和水管间的连接点都更换了，但是在雅加达的每条街道上这样的管道和连接点非常多，要想统统更换是绝对不可能的，最终雅加达确定的方法是：通过成本一收益分析来确定更换哪些最省钱但最能有效控制漏水的管道。

这种一步一步逐步完成的方法，能够保证每一分钱都用在刀刃上：把钱投在回报率最高的地区。这个方法的使用不仅仅能定位漏水发生的位置，并且能通过压力测试了解到整个雅加达地下输水管的构造状况。

（5）压力控制

永久性渗漏控制系统建立的目标不仅仅是要降低漏水水平，还在于要保证将来漏水水平维持在一个较低的水平上。经验表明，雅加达所使用的方法能非常成功地定位漏水发生的位置。但是不久之后，另一个问题开始困扰雅加达了：一旦解决了一个较大的漏水事故之后，另一个大的事故就会发生了。图 9-11 显示了一个永久独立区域 21 个月内漏水水平的变化过程。这个变化发生的原因就是水压。

在水压理论中，从一个压力系统上面的小孔流出水的流速符合下面这个等式：

$$V = C_d \sqrt{2gP}$$

在这里，V 表示的是压力系统中从小孔流出水的流速，C_d 是流量系数，g 是重力系数，P 是压力系统中水的压力值。

但是在日本、巴西、英国（英国的例子已经为很多人所熟

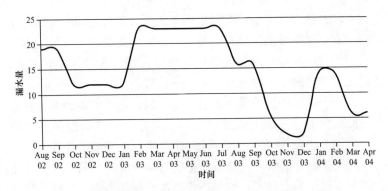

图 9-11　漏水量随时间的变化图示

悉）进行的研究表明，流量与水的压力更符合线性关系，图9-12
显示了英国研究出来的结果（这个图示关系在英国已经得到了大
多数学者的认可）。

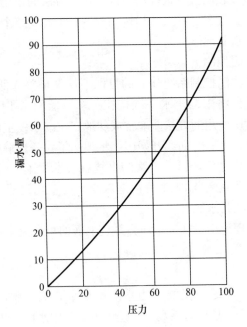

图 9-12　压力—漏水量关系图示

虽然，世界上大多数地区已经接受了这样的一个事实——把水压维持在低水平对本地区的供水是有很大的好处的，但是实践中，大多数地区还是把水压维持在一个较高的水平——图9-12所示的曲线中右上角的位置。但是，即使是在雅加达这种水压很低的地方，控制水压也会带来很多的好处。

较高的渗漏水平会导致较高的流量，这会造成水量大量的损失以及水压的降低。但是当水的渗漏故障修好之后，整个过程就会变成相反的了，水压将会升高。较高的水压不仅仅会使小规模的漏水故障损失更多的水，而且会增加新的漏水故障发生的概率。这个事实在雅加达得到了证实，这也进一步证明了为什么过去雅加达实际更换的水管数量比预计数量要小得多。随着雅加达新的压力控制系统的安装，雅加达的水损失量已经被减压阀（PRV）控制住了。

在雅加达，一个大问题就是漏水故障的反复出现问题，解决这一问题的一个主要方法就是控制水的压力。但是，现在还有一个问题是：雅加达市区内水压小于10m的输水系统是怎么样保证水正常流到用户端的呢？并且现在还没有为雅加达建立一个最小水压值。更进一步地讲，一个有效率的压力控制系统需要单一的供水管，如果多个供水管为一个压力系统供水的话，很可能会造成潜在的不稳定的危险因素。还要引起大家注意的是，在一个压力水平很低的供水系统中，稍微大一点的水流很可能就会导致系统中阀门的关闭。我们可以知道，想要在一个水压很低的系统中架构出需要的供水管网是一个非常精细的工作。这也是为什么我们需要使用数学模型进行计算的原因。

雅加达曾经在一个实验地区进行过一次实验，这个实验区共有管道长度为20km，在实验区的管道上安装了一个与入水口管道直径相同的高质量PRV，通过这个PRV可以降低在用水高峰时的流量损失。实验结果很让人惊喜，不仅仅PRV能为整个输水系统保持一个较低水平的水压值，而且保持较低的水压能大大降低漏水故障的发生率。与此同时，实验时还在PRV装置上安装了一个电子控制器，这个控制器能在 20：00 到 05：00 之间把出水口的压力控制在一个较低的水平。

（6）结果

实验证明，在雅加达实施的一步一步控制水压的方法是非常有效的。对第一个永久性独立区域进行分析之后，我们知道，通过对大规模的漏水事故进行控制可以把漏水水平降低到 5.6L/s。结果如图 9-13 所示：

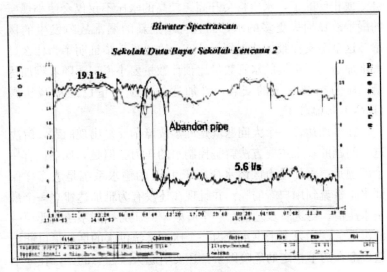

图 9-13　维修前后漏水水平变化图

如果考虑到雅加达地区相比世界上其他地方有着很低压力水平的话，实际上漏水规模已经是很惊人的了。如此高的漏水量其原因在于：输水管道的材质、低劣的工艺，特别是很差的节流阀。并且，实践证明，雅加达的漏水主要原因并不是我们开始以为的大量的小规模漏水事件，而是为数不多的大规模漏水事故。世界上其他地区的漏水状况也印证了雅加达的问题症结，同时我们应该感到庆幸的是：这样的问题原因意味着不需要大规模的经济投入就能有效地降低漏水水平。

更进一步，通过安装减压阀，我们可以把漏水水平长久地维持在一个较低的水平上。事实上，在安装了电子控制器之后，雅加达的夜间漏水量可以进一步降低50％左右。

这样的结果因为下面的原因显得更有意义：

1）在那些传统声波探测技术不能有效应用的地区，通过使用雅加达的方法，漏水量可以得到控制；

2）在压力很低的地区，大规模的漏水事故也有可能会发生；

3）高渗漏水平会导致较低的水压；

4）压力控制的主要目的是要保证，在维修已经存在的漏水事故时，不会导致新的漏水事件发生；

5）即使现在管道内的水压已经很低了，通过降低夜间水压也能有很大的收获；

6）在传统的输水管道中，只有40％的管道有比较严重的漏水问题；

7）整个实验区的规模可能只占雅加达总量的六分之一，但是其实验结果表明，把漏水量降低300L/s并不是特别难的事情；

8）通过降低整个供水管网的漏失率，可以为用户持续不断地提供饮水。

在审视了实验区的成功方法之后，雅加达正在试图把这个方法推广到整个市区长度为3000km的供水管网。

（7）结论

就像世界上其他地区一样，雅加达市拥有着一个非常大、非常复杂的输水管道体系，并且这个输水管网会渗漏掉从水库中引入的总水量的一半。由于它的输水管道材质为非金属材质、输水管道主要建在人口密集的地区、管道内的水压很低，使得传统的通过声波设置检测漏水地点的方法不能在这个地区得到很好的应用。

以直接控制漏水为基础，通过一步一步对渗漏进行控制的方法在雅加达地区得到了有效地应用，这些方法中，最有效的一个就是把雅加达地区分割成若干个永久独立区域，每个永久独立区域由少数几个输水管进行供水，并在这些管道上安装上流量计。每个永久独立区域包含的输水管道长度大概有100km，要比我们前面提到过的DMA大很多。但是，在这些区域里，会应用到与DMA相似的方法量化该地区的漏水量，并需要密切关注新的漏水事故发生的状况。

在这些永久独立区域中，有一些区域的漏水水平很高，我们就把它进一步进行更细的划分，划分出来的小区域就叫作"临时区域"，每个临时区域由专门的单一输水管道进行供水，在管道上会安装上一个叫作管段式临时流量计的仪器。这种区域是临时性的，原因就在于边界上的水压问题会随时导致漏水事故的发生。通过这种方法，我们能迅速地定位永久独立区域中发生漏水事故比较严重的输水管道所在地，然后，就可以更换新管道或者直接废弃这段管道。

在雅加达遇到的一个最麻烦的问题就是，市政府没有一个完整的地下管道规划图，我们没有办法知道主要输水管的详细信息。再加上整个输水管道的水压不到10m，这就导致想要建立永久控制系统这件事本身是非常困难的。在雅加达，解决这个事情的方法是建立一个数学模型，通过这个数学模型，利用压力测试和数据矫正的方法，来确定不规则的水压位置。这个方法已经被证明是非常成功的，现在已经把雅加达三分之一的供水管网划分成了永久性独立区域，而在划分的过程中几乎没有碰到任何困难。使用这个方法有一个很好的优点，那就是不用事先探测出雅加达地区所有主要输水管道的状况，只需要在必须了解该地点的管道状况时再对其进行探测就好了。雅加达的项目也显示出一个问题：即使输水管道的水压已经是非常低了，我们也很有必要对其进行压力控制。长久以来，专家学者已经很清楚较低的水压可以有效地防止爆管事故的发生，但是很少有专家学者知道较高的漏水率会导致较低的水压。所以，当漏水事故被解决之后，水压将会上升，这会导致新的漏水事故的发生。这个问题的解决方法就是为管道安装减压阀，这个装置会在水管压力升高时对其自动进行调整，从而能够长时间地把管道中的压力控制在一个较低的水平。通过 PRV 控制器的使用，我们可以长久地把夜间压力控制在一个较低的水平上，这就可以有效地降低漏水事故的发生频率。

　　随着项目在雅加达实验区取得的成功，市政府已经决定把这个项目推广到全市 3000km 的管网上。该项目的实施不仅仅会把漏失率降低到一个较低的水平，更重要的是，可以保证雅加达居民用水的不间断供应。

附录 A 关于供水总公司层面的分区 计量管理建设

分区计量管理在公用事业领域，尤其是供水企业管理中越来越受到重视，发挥的作用越来越大。分区计量管理已经成为供水企业精细化管理中必不可少的重要组成部分。分区计量是一种先进适用的漏损控制的管理理念、管理方法与管理系统。为了能使供水企业全面地、系统地应用分区计量管理，尽早尽快实现稳定持续的漏损控制目标，下面从三个方面阐述供水总公司层面的分区计量管理的建设：分区计量管理在供水总公司层面的应用；如何建设供水总公司层面的分区计量管理；未来漏损控制展望。

1. 分区计量管理在供水总公司层面的应用

（1）关于分区计量的核心特点及在国内外实际应用案例

分区计量是一项持续稳定地把供水管网产销差保持在合理范围内的技术管理手段，其最关键的特点是在一个"划定的区域"利用流量来评估漏损水平。计量区域建立后，根据各区域的监测数据、产销差高低，来决定优先关注哪些区域。通过监测计量分区内供水量、售水量、夜间最小流量等数据，量化分析计量分区内产销差水量各构成组分，有针对性地提出整治意见并交由相关部门落实整改，有效降低管网漏损。按目前我国大部分供水企业的技术投入、管理水平和数据积累现状，如要获得确切的数据，需要一定时间的数据积累和大量的基础工作投入，否则很难精确分析产销差水量各构成组分。

在 20 世纪 80～90 年代，已经有一些国家在总公司层面应用了分区计量或称区域化。比如，20 世纪 90 年代，日本东京将整个供水管网划分成 12 个大区进行分区计量管理。在中国，绍兴水司于 2003 年从总公司层面将整个管网划分成 5 个大区，以后又逐年有计划有步骤地在 5 个大区的基础上，划分了 27 个二级分区计量和 1000 多个 DMA，通过多年来的坚持，对整个管网实施分区计量管理，逐步稳定地将漏失率从 25％降低至目前的 4％左右，并长期维持在这个水平。天津水司 2002 年提出了天津市供水系统建立三级计量管理体系：一级为集团公司所属公司级区域计量；二级为供水营业公司所属分区计量；三级为供水营业公司所属住宅小区计量及用水大户计量。其中市南营业分公司、市北营业分公司所属营业范围内共划分了 13 个二级计量分区，2006 年按照三种运行模式进行管理，产销差率比 2005 年下降了 4.99％，节约水量 1789 万 m³。南昌洪城水业截止 2014 年底共成功建立 11 个一级区域与 80 余个 DMA，自 2012 年初工作开展以来至 2014 年底依据数据指导测漏部门找出暗漏点 100 余个，节约水量 604m³/h。

（2）在总公司层面应用区域化计量管理的重要性和必要性

中国供水管网漏损的严重性，中国环状管网设计的特殊性，敷设的管网材质的多样性，检漏产品技术发展与国际同行的差距，以及中国管理体制、管理水平的全国范围的不一致性，对漏损控制的影响很大，管网漏失水平长期维持在比较高的水平。我国每年漏失水量高达数十亿吨，直接经济损失近百亿元。

实施分区计量管理，相当于把整个管网划分成若干个相对独立的管网进行管理，根据水量平衡原理实时分析各级计量分区的产销差组成，对漏损严重的区域重点监测和检测，根据夜间流量数据的波动和水平衡分析，指导有关管理部门在稽查、验收、检漏、维修、压力管理等的工作上快速响应，查找产销差高的原因并处理，从而达到持续稳定降低产销差的目的，极大地节约了水资源，提高了经济效益。

2. 如何建设供水总公司层面的区域化计量管理

对于一个较大规模的供水企业来讲，实现供水系统分区计量管理是一项庞大的工程。以城镇供水管网布局为基础，充分运用已有的成熟技术，按照科学的发展观进行方案的设计和可行性论证，在综合考虑水源性质、数量、位置，城市地形与行政区域以及现有管网的规模，以供水管网区域内的天然屏障或城市建设中逐渐形成的人为障碍作为边界，尽可能减少跨区域的输水干管。通过加装监测设备，将现有的管网系统改造为若干个可封闭计量的区域，实现分区供水和分区管理。

分区管理应根据供水规模的不同逐级划分，一级分区可根据自然边界综合考虑营收部门建制，但要注意在分区管理的区域内须是封闭的，此级分区称为区域化，即将整个管网分成若干个大的区域。然后依次进行二级、三级的划分，分别称作二级 DMA 分区和三级 DMA 分区。在进行管网分区时实现各分区由专用的供水主干管供水，然后通过各分区内的支管向用户供水，实现供水干管与支管的功能分离。在各个分区内加装管网监测设备，实现对配水管网的水量、水压和水质的有效监测和管理，保障供水安全，有效控制漏损。

进行大区划分后，在管理模式上也应该进行相应的调整，首先应根据大区划分的数量合理建制供水区域管理机构，实现真正意义上的分区计量管理；其次各个区域管理机构要实现管网管理和营销管理的统一，建立以产销差、漏损控制为主要指标的考核体系；同时根据各个区域管理机构的现实状况制定各自的工作目标和奖惩制度，充分调动各级人员的工作热情；第三，在供水总公司层面和各个区域管理机构设置系统分析工程师职位，负责监控与分析本区域的漏损状况，及时发现并协调解决管网的产销差问题；第四，供水总公司应自行建立一支高效的漏损控制执行队伍或聘请专业队伍，负责对各个分区漏损问题进行及时检测和维护。

3. 未来漏损控制展望

中国是一个水资源严重匮乏的国家，但是每年漏失水量高达数十亿吨，直接经济损失近百亿元。国务院办公厅在《关于加强城市地下管线建设管理的指导意见》（国办发【2014】27 号）中指出，"力争用 5 年时间，完成城市地下老管网改造，将管网漏失率控制在国家标准以内，显著降低管网事故率，避免重大事故发生"。因此，如何快速应用先进技术降低漏损成为迫在眉睫的事情。

随着智慧城市推广进程不断深入，物联网技术不断应用在地下管网中，特别是地理信息、生产调度、分区计量、水质监测、压力管理、水力模型、应急通信指挥等系统的统一综合智能平台的应用。未来产销差控制中不再是单纯的漏损控制，而是基于分区管理、管网运营、营销管理、水厂智能调节等各个方面管理水平的全面提升。

因此，未来漏损控制的考核内容不再仅仅是查找多少管道漏点，漏损率多高这些简单的数据，而是包括民生服务水平，管网运营能力，营销状况，水厂调度，应急抢险，管道维护，各个环节之间配合力度，以及整个公司系统运营维护管理效能等。同时，考核对象也发生了比较大的变化，不只是供水公司内部的考核，而是国家对各级政府、各个城镇的供水企业的考核。所以，现在很有必要从整个供水总公司层面实施分区计量管理，尽快实现国家漏损控制目标。

附录 B 分区计量与生产调度系统

1. 前言

水是生命之源，是人类赖以生存和发展不可缺少的宝贵资源，是自然环境的重要组成部分，是人类社会可持续发展的必要条件。然而地球上的淡水资源非常有限，真正可供人类使用、易于取得的淡水仅占地球水资源的 0.26%。并且水资源分布很不均衡，约 65% 的水资源集中在不到 10 个国家里，而人口占世界总人口的 40% 的 80 个国家却严重缺水，另外 26 个国家的水资源也很少。联合国饮用水会议曾发出警告说："水不久将成为一个深刻的社会危机，石油危机之后的下一个危机便是水"。据统计，在我国 666 个城市中，有 330 个城市不同程度缺水，其中严重缺水的达 108 个城市；在 32 个百万人口以上的特大城市中，有 30 个城市长期遭受缺水的困扰。

当前，随着水资源和能源的短缺问题加剧，供水行业对提高供水效益、节能减排高度重视，对供水管网漏失问题更加关注。城市水资源的管理逐步从开源转变为节流，城市管网漏失水量成为一种潜在的水资源。因此，降低管网漏失水量是我国供水行业亟待解决的重大问题。有关研究表明：漏失检测和压力控制是降低供水管网漏失的关键技术措施。因此，为解决我国城市严重的水资源和能源缺乏问题，针对我国城市供水管网漏失以及降低供水管网漏失关键技术措施存在的共性问题，在我国典型城市开展城市供水管网漏失检测与压力控制数字化平台的研究与集成，进行城市供水管网漏失检测、压力控制研究与应用系统开发，已势在必行，刻不容缓。

2. 合理化建立管网综合管理平台

管网作为供水系统中必不可少的一部分，也是最重要的一部分，因为管网的健康与否全面体现了供水系统中的几乎所有的信息，当然这里的信息包括最基本的流量、流速、压力等，当然也包括更高层次的管理方面［地理信息系统（GIS）、辅助调度系统（SCADA）、分区控制管理（DMA）、压力控制管理（PMS）和水力模型（WDM）整合］，如今的管网信息组成再也不是单纯的某一方面的体征，而是系统性的信息，比如地理信息、压力信息、流量信息、流速信息、漏损信息、产销差信息以及根据水力模型模拟出来的信息，当然这里指的也不是单独的，它们是一个整体，一个统一的系统。

如何综合考量它们有一个很简单的思路：是不是可以用一个平台综合所有信息来给管网做个综合评定呢？答案是肯定的。所有的信息汇集到一个平台综合分析，这也符合国家正在大力发展的物联网项目，目前市场上用在管网的检测设备几乎都可以配备无线远程传输装置（多功能漏损监测仪、渗漏预警系统、水质预警系统、爆管预警系统、漏点定位系统等），这些数据全部可以传输并存储成一个格式文件的数据类型，这也是构成这个平台的基础。

3. SCADA 系统在供水管网中的应用

SCADA，即数据采集与监视控制系统（Supervisory Control and Data Acquisition），是以计算机为基础的生产过程控制与调度自动化系统。它可以对现场的运行设备进行监视和控制，以实现数据采集、设备控制、测量、参数调节以及各类信号报警等各项功能。

SCADA 系统应用面比较广泛，可以应用于电力、冶金、石油、化工、水利等方面，在供水管网上 SCADA 系统可以综合 GIS 系统（地理信息系统）和一些智能感知设备（流量计、压力计、水质监测设备、噪声监测设备等）通过远程通信装置把这些数据完全反馈到 SCADA 系统中（图 B-1）。

4. DMA 系统漏损控制

DMA，即分区计量（District Metered Area），是业内人士公认的实现"常态的"漏损控制的有效方法。DMA 管理的概念是在 1980 年初英国水务联合会"泄漏控制策略和实践"的报

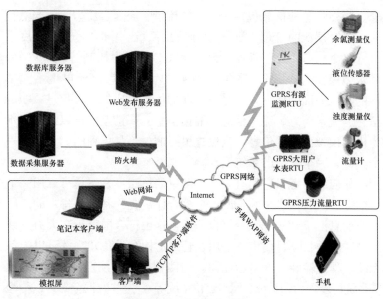

图 B-1 SCADA 系统

告中首次提出的。在这份报告中，DMA 被定义为分配系统中一
个分离的区域，通常由阀门形成或者是完全可以断开的管网，进
入或流出这一区域的水量可以计量。通过对流量的分析来定量泄
漏的水平。这样检漏人员就可以更准确地决定何时何处检漏更好。

国际水协的水量平衡表　　　　　　　表 B-1

系统供水总量	水公司外卖净水	系统有效供水量	售水量	计量售水量	售水量
				未计量售水量	
			免费供水量	计量免费供水量	产销差水量（NRW）
				未计量免费供水量	
	水公司自身系统供水	系统漏水量	账面漏水量	非法用水（偷盗，欺诈）	
				表计量误差	
			管网漏水量/物理漏水量	输水管及干管漏水量	
				水池/水塔等渗漏及溢流	
				进户管漏失量	

DMA 对漏损的控制在业内来说已经达成共识，当然 DMA 理论比较复杂，怎么达到控制漏损这里就不做过多介绍，这里主要说明几个 DMA 控制漏损的特点：

（1）主动漏损控制；

（2）常态的漏损控制；

（3）快速的漏损控制。

这里所说的特点都是相对传统漏损控制来说的，这些特点对新型的漏损控制系统 DMA 与 SCADA 系统结合协同管理管网是很重要的。

5. DMA 管理系统与 SCADA 系统的协同作用

相对传统漏损控制来说，DMA 变被动为主动、常态的监测管网漏损状态（图 B-2），更加快速地感知漏损，与 SCADA 系统结合对管网中的基础数据进行实时监测分析，SCADA 系统已经结合 GIS 系统对管网中具体位置、具体管段上漏点位置进行更准确的分析。

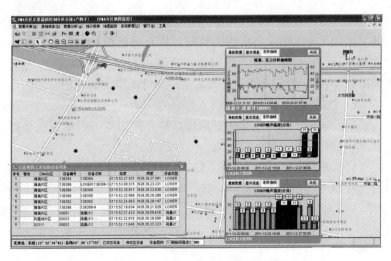

图 B-2　DMA 与 SCADA 相兼容的漏损控制示意图

分析具体 DMA 分区中漏损状况也需要具体的数据支持，比如分区中的流量数据、压力数据等。这些数据不仅可以从 DMA 系统中调用，也可以从 SCADA 系统中调用，两者数据同步对管网的真实数据加以校对验证（图 B-3）。

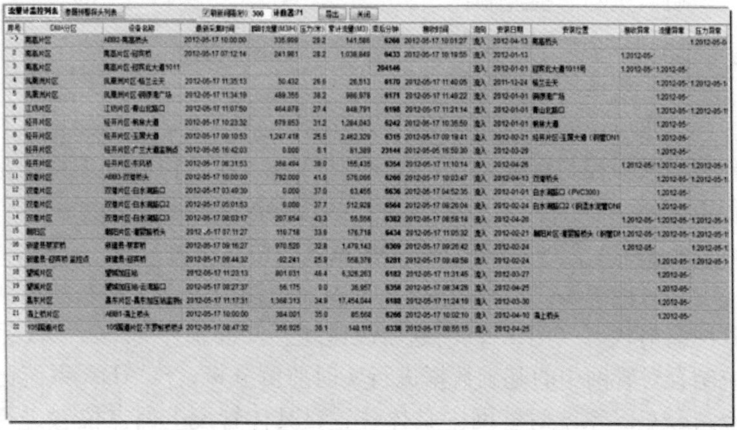

图 B-3　DMA 系统和 SCADA 系统数据同步

在 SCADA 系统调度中也可以对 DAM 系统漏损控制加以帮助，比如某个 DMA 分区中需要对漏损点进行维护但是又不想影响其他分区的供水需求，这时就需要使用 SCADA 系统进行综合调度，不仅不影响供水需求，又能达到对漏损点的维护。

6. 总结

（1）实施 DMA 定量管理漏损监控系统时要与其他系统更好地配合使用。

（2）SCADA 系统中对 DMA 中的数据基础和管道信息能更好地提供支持。

（3）综合系统配合时选用的软、硬件，要求可靠性高、开放性好、适应性强，既能保持向下兼容，又能适应未来系统扩充的需要。

（4）在 DMA 管理系统与 SCADA 系统配合协调使用时要注意人才投入，为供水系统的合理化、科学化、现代化管理创造条件。

附录 C 分区计量与地理信息系统

1. 二者的定义及作用

DMA（District Metering Area，即独立计量区域）是指通过截断管段或关闭管段上阀门的方法，将管网分为若干个相对独立的区域，并在每个区域的进水管和出水管上安装流量计，从而实现对各个区域入流量与出流量的监测。按照实施 DMA 的方法不同，DMA 可分为虚拟独立计量区域和实际独立计量区域两种。

从工程角度讲，实施 DMA 是一个对供水管网区块化改造的过程，其主要目的并非为了管网优化而是通过精确的夜间计量（最小流量计量）及时地发现管网漏损。

DMA 管理系统的运营模式构成，包括管网监测设备、数据传输网络和控制中心分析软件三部分，因此，供水管网 DMA 系统与供水调度系统一样，都属于 SCADA（Supervisory Control And Data Acquisition，即数据采集与监视控制系统）系统范畴。

GIS（Geographic Information System，即地理信息系统），在广义的词义上，地理信息系统是允许加工空间数据成为信息的工具，这些信息通常与地球上某些部分明确相连并用于决策。

针对供水管网而开发的 GIS 系统，是地理信息系统的一个具体应用，主要作用是在计算机软件、硬件、数据库和网络的支持下，利用 GIS 技术实现对供水管线及其附属设施的空间和属性信息进行输入、编辑、存储、查询统计、分析、维护更新和输出的计算机管理系统。

2. 二者的区别

DMA 系统与 GIS 都有助于供水管网的管理，但二者有明显的区别。

（1）范畴不同：GIS 属于信息系统（IS），而 DMA 系统属于数据采集与数据传输以及数据分析与监视控制系统，类似于SCADA系统。

（2）构成重点不同：GIS系统中的数据是最重要的组成部分也是整个系统投资比重最大的部分，DMA系统中远程终端计量设备是整个系统中最重要的组成部分和投资比重最大的部分。

（3）系统建设方式不同：GIS是一个数据结构复杂的大型应用系统，针对供水管网的GIS系统宜采用原型法＋结构化周期法的方法开发，DMA系统需求明确，可以直接采用结构化周期法建设。

（4）运行特点不同：DMA系统的特点是动态数据处理和不间断的稳定运行，系统记录的数据是随时间变化的，系统接受和显示实时监测数据并根据事先制定的规则决定是否报警；GIS系统设计目标从来就不是实时处理工具，而是注重静态数据的维护、分析、挖掘。

3. 二者技术优势互补分析

DMA系统可以及时地反映出供水管网的运行状况并且及时进行泄漏报警、设备故障报警、任务指派等，但空间数据可视化显示的能力需要加强，GIS具有显示复杂空间数据能力、却不能很好管理实时数据，两个系统配合使用，可以实现监测数据的可视化显示，例如利用GIS系统可以快速定位DMA系统中的泄漏报警范围或者DMA系统发生故障的远程终端计量设备的准确位置。

实现二者优势互补，传统的方式是采用人工协调的办法，DMA系统的操作人员同时要熟练使用管网GIS。这种方式有利于保障两个系统各自的独立性和运行的稳定性。

另外一种方式是通过数据库复制与链接技术将两个系统进行系统集成，完成动态数据与静态数据的统一管理。为了保持管网GIS和DMA系统各自原有的性能，GIS数据库和DMA系统实时数据库在物理上相互独立，它们之间的逻辑关系通过数据表链接实现关联。

首先，GIS 数据库中建立一个用于专门存放实时数据信息的数据表，并通过建立唯一索引使其与其他数据表相关联；当 DMA 系统采集到实时数据时，DMA 系统实时数据库利用数据库复制技术将新的数据复制到 GIS 数据库的实时数据表中，包括数据标识、获取数据的时间和实时数据的值；最后，在 GIS 中对获取的 DMA 系统实时数据进行解析，分析出实时数据的表征意义，并加以显示。

管网 GIS 数据库与 DMA 系统数据库之间通过建立数据库链接实现了逻辑上的一体化，数据库链接保证了管网 GIS 与 DMA 系统以"紧密耦合"的方式运行，提高了二者的一体化程度，从而实现两系统自动的优势互补。

采用此方式，需要对原有管网 GIS 进行再次开发，并且要与 DMA 系统的总体设计配合完成。

4. 系统维护

管网 GIS 既是管网基础档案管理的工具，同时也为其他供水行业系统建设提供必要的基础数据支持，其系统维护的重点是数据维护。DMA 系统作为一个管网漏损的诊断工具，系统维护的重点是保障远程终端计量设备的稳定性。

附录 D 分区计量与压力管理

1. DMA 管理的目的和意义

控制供水管网的产销差率，使之逐步降低，逐步稳定到允许水平。

（1）改变传统的水损控制方法

传统的漏损控制多是采用声波原理的仪器进行检漏工作。这种方法在过去的几十年里一定程度上对漏损控制作出了贡献，取得了一些效果。虽然我们也做过主动检漏，但从本质上讲这种方法毕竟属于被动式的控制方法，由于不能及时发现漏水点导致泄漏时间延长，水损增大。况且在较大范围的水网上使用这样的仪器与方法进行检测效率也很低，耗费的人力、物力也大。即使请专业检漏公司进行漏水普查，短时间内可能效果明显，但是由于漏水复原现象的存在，并不能从根本上达到降损的目的。

（2）建立供水管网 DMA 分区定量管理漏损监控系统

经过一些发达国家近些年的成功经验证实，只有应用 DMA 分区定量管理才能从根本上达到控制漏损的目的。即在保证城市正常供水的前提下将供水管网进行合理分区，安装漏损监测设备，统计和分析夜间最小流量，实时噪声监测——相当于在供水管网上安装了一套即时反馈漏水的系统水损控制系统。这样就可以快速而精确地定量各个 DMA 的泄漏水平，检漏就可以快速到达并确定最严重的泄漏部位进而修复，极大地缩短泄漏时间以减少损失。

（3）应用 DMA 提高供水收益

1）极大地缩短发现漏水的时间和区域，实现漏点快速定位。

总的漏水时间可以划分为三个区间，分别称为发现、定位和修复（图 D-1）。

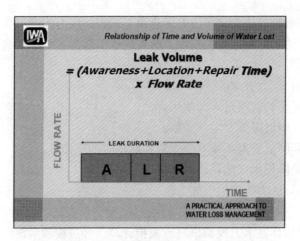

图 D-1　总漏水时间与水损失之间的关系

发现时间是指从漏水发生到水管理部门获知有漏水发生之间的时间。

定位时间是指一般精准定位漏水点所需的时间。

修复时间是指漏水点一旦被精准定位后完成修复一般所用的时间，包括策划以及依法向公路管理部门发送通告。

总漏水量＝单位时间泄漏量×漏水发生的时间

实施 DMA 管理可快速发现漏水存在的区域，缩短发现漏水的时间。指导检漏人员的漏水检测工作，做到有目的、有重点地进行漏水检测。

2）利用 DMA 建立常设自动控制压力管理。

降低和维持低的泄漏水平的一个重要因素是压力控制。把水网分隔成 DMA 为建立常设的压力控制系统创造了条件。降低压力就可以减少背景泄漏水平，降低各个漏水点的流速，减少年度管网爆管次数。

2. 压力管理

（1）压力管理的概念

压力管理可以定义为"通过管理供水系统压力达到一个最适宜的服务水平。即在确保充分、有效地满足合法使用和消耗的前提下，剔除或减少瞬间压力变化及不适宜的压力控制等级，减少不必要的压力和过压现象等，所有这些引起配水系统漏损和爆管的因素"。

（2）压力管理的好处

1）延长管网设施的使用寿命；

2）降低爆管发生的频率；

3）降低管网系统发生爆管和漏损时的漏损量；

4）降低供水能耗。

（3）压力管理的实施方法

通过对供水区域内的管道进行流量、压力监测和数据采集，将记录数据在水力模型里进行模拟计算，经过校验后得到合理的压力、流量数据，通过在管道上安装减压阀，从而达到合理控制区域供水压力、降低漏损的目的。

（4）压力管理的效果（图 D-2、图 D-3）

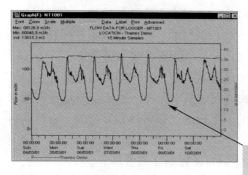

○ 变动的需水量
○ 恒定的水压
○ 该例中整个星期的用水量为：13615m³

最低的需水量
夜间水压过高！

图 D-2　压力管理前测试数据

同一个区域使用压力管理后的测试数据：

3. 分区计量与压力管理

分区计量和压力管理都是漏损控制的主要技术手段，而且都能取得良好的效果，将二者整合，可以发挥出更好的效果。

（1）实施 DMA 分区定量管理，对管网进行精细化管理，不但能降低管网漏失，而且能让管理水平上一个台阶。

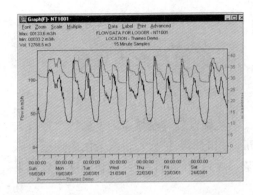

- 上下波动的需水量
- 对水压做出相应的调整
- 该例中整个星期的用水量
  为：12768m³

节水6%

图 D-3　压力管理后测试数据

（2）压力管理是控制漏损的重要手段，基于 DMA 的压力管理系统能做到有的放矢，更好地发挥漏损控制的作用。

（3）对供水管网进行分区计量和压力管理可有效地控制漏损量，从而为供水企业的节能降耗、安全供水等带来益处，同时也给供水企业创造巨大的经济效益和社会效益。

189

附录 E 分区计量与水力模型

1. 简介

供水管网是城市重要的基础设施，是城市的生命线。随着人口数量的持续增加和城市面积的不断扩大，供水管网的规模也越来越庞大，构造更加复杂，导致管网的管理和优化调度实现起来非常困难。

近年来，探索科学的供水管网管理模式，正逐渐成为我国水行业工作者普遍关注的焦点。以往落后的以经验管理为主的模式已经不能够解决管网中的问题。因此，许多自来水公司已纷纷建立了比较详细的供水管网信息系统。这就为进行管网分区管理规划打下了坚实的基础。而管网分区正是解决我国大城市管网漏失严重、爆管事故多发等问题的最有效手段。

所谓分区管理，是将现有的供水管网按照一定原则，分为若干个相对独立的子区域，实现各区域用水量的单独计量。通过供水管网的区域化，可以简化管网结构，使管网的层次更加清晰、管网压力更加均衡，减少漏耗和"水龄"，尤其是缩小供水产销差，相当于挖掘新的水源，使得供水管网系统的管理逐步走向科学化，这对缺水城市来说非常重要。

欧美国家在供水管网分区方面的研究远早于我国，现已针对供水管网漏失控制出版了专业手册，其中就有很大的篇幅涉及分区管理的原理、规划思想及实例。在我国，相关文献和实际运行经验都极其匮乏。另外，由于我国的国情和管网的独特性，很难照搬国外的经验。

管网分区改造，在发挥其有利作用的同时，还很有可能会给管网运行造成一定程度的负面影响。为了发现分区后管网未来可能会出现的问题，并预先采取相应的解决措施，避免不必要的损失，在管网分区改造实施前，需要水力计算模型对分区后管网的运行状况进行预测与分析。

针对上述需要，自行开发了一套与地理信息平台相兼容的供水管网建模软件 NetGIS。为了保证模型计算结果的准确性和可靠性，将模型的模拟结果与目前国际上比较有影响的供水管网建模软件丹麦水力研究所的 MIKE NET 的模拟结果进行了比较。

2. 供水管网分区数学模拟

管网分区规划，应借助管网建模软件，建立管网的水力计算模型，并利用模型对分区后管网的运行状况进行预测与分析，发现未来可能会出现的问题，从而预先采取相应的解决措施，避免不必要的损失。

3. 建模软件开发

一个好的建模软件平台，是完成管网分区数学模拟工作的先决条件。

当前，整个世界正向着信息化、数字化方向发展。在水行业领域，出现了"数字化管网系统"，必须有相应的软件能够与此类系统相兼容，特别是针对耗时繁琐的管网建模。这就决定了今后管网建模软件的发展方向，即全面与地理信息系统（数字化系统的典范）兼容。

一方面，可以更高效地利用供水管网地理信息管理系统中的数据；另一方面，研究的最终分析成果也可以直接输入到该系统中，而无需复杂的数据转换，更有助于决策者今后对其进行处理与分析；更重要的是，通过此种方式构建软件，不仅高效，因为它可以直接调用一些地理信息平台中已有的功能，而且可以使最终的建模软件兼具水力分析软件与地理信息平台的强大功能；在进行建模工作时，更是可以直接利用地理信息平台下的管网数据库，直接建立完整的模型，这也有利于维护数据的完整性。

在本研究中，建模软件的构建是通过对地理信息平台进行二次开发，将水力计算引擎整合到地理信息平台，使二者能够实现数据的交互。借助此种方法，该软件不仅可以对管网模型进行水力分析，而且可以利用地理信息平台下强大的数据分析功能，对模型数据进行更细致、更多样的统计、查询、修改、格式转换等操作。

在开发中，采用了美国环保署的 EPANET 软件中的经典计算引擎。目前，它在世界范围内仍然是公认的最好引擎之一。

4. 实例应用

（1）研究地区管网分区规划

本文中管网分区规划针对的是某市的城区与近郊区，该地区的地势在整体上趋于平缓，只是西部局部地区高差较大，约达 20m 左右，常住人口总数约 880 万人，日供水量约 190 万 m^3。

以国内外分区管理经验为参考，针对该城市供水管网的特点，依次按照区域计量分区原则、管理分区原则、压力分区原则进行供水管网分区规划设计。

依据分区规划思想，首先，需对该地区的管网进行区域计量分区的划分。由于这座城市已经具备了比较完善的供水管网管理地理信息系统，因此，此次的分区规划设计完全在该平台上进行，这样既可直接利用该系统具备的大量信息来指导规划设计，又可以将工作成果直接反映在地理信息系统中，避免复杂的数据输入输出工作。最终，此地区管网共被分为了 750 个计量区域（图 E-1）。

其次，进行管理分区规划。经分析，对于该地区而言，行政区边界线更适合成为管理分区的分界线。但由于某些地带的行政区边界线比较复杂，若严格按照其进行管网改造，不仅改造难度很大，工程量也会相应增加。通过权衡利弊，最终确定此方案的设计思想为：在尽量依附于行政区边界线的前提下，着重以现有的主干道和河流等明显边界作为区域的分界线，从而既达到边界线易于识别、又能够简化改造难度的目的。

最后，进行压力分区规划。虽然该地区总体上地势坡度比较平缓，但也存在局部高差较大的地区，造成管网中部分区域水压偏低。因此，依据压力分区的原则，将其分离，作为独立的压力控制区域，即图 E-2 中的阴影区域。

图 E-1　区域计量分区示意图

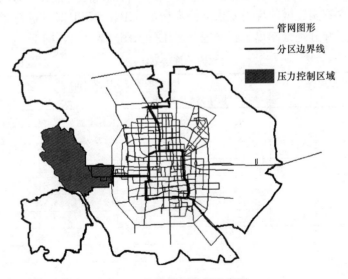

———— 管网图形

———— 分区边界线

■ 压力控制区域

图 E-2　压力分区结果示意图

（2）管网分区规划的水力模拟

要找到相对合理的分区方案很困难，必须借助水力模型对方案进行分析和评估。针对上述需要，采用自行开发的一套与地理信息平台相兼容的供水管网建模软件 NetGIS。

应用于本研究的管网模型，校核依据为当时高峰日管网工作状况。共设置了 60～70 个测压点。模型中只保留了管径在300mm 以上的主干管，且对很多管道的交接点都进行了合并，对于本研究而言，由于不用进行水质分析，只是通过模型预测分区规划产生的结果，属于趋势性分析，故只需对现有管网按照实际情况进行必要的修正与更新，并进行模型校核工作即可满足需要。

本课题属于规划研究范畴，因此采用静态模拟对管网模型进行分析。采用构建的水力模型对供水管网进行了计算，并与监测点的实测值进行比较和校核。最终，模型校核结果满足了用于规划设计模型的要求，只是在模型的局部区域准确性欠佳，但不会对预测分区后管网的状态产生根本的影响。

为了保证计算结果的可靠性，使用目前国际上比较有影响的供水管网建模软件丹麦水力研究所的 MIKE NET 对其进行了验证，并分别绘制出了管网服务水压分布图（表 E-1，图 E-3）。

水力计算结果比较　　　　　表 E-1

节点编号	计算出的节点水压值（m）	
	MIKE NET 2003b	NetGIS
1	36.50	36.50
2	37.76	37.76
3	36.52	36.52
4	29.97	29.97
5	38.64	38.64
6	36.34	36.34
7	42.82	42.82
8	43.60	43.60
9	30.53	30.53
10	36.90	36.90
……	……	……

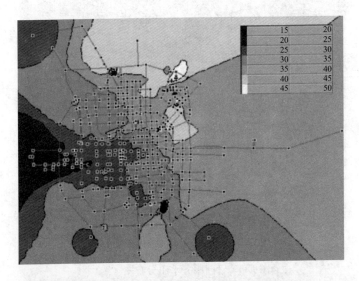

15	20
20	25
25	30
30	35
35	40
40	45
45	50

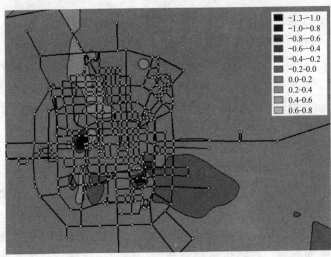

-1.3—-1.0
-1.0—-0.8
-0.8—-0.6
-0.6—-0.4
-0.4—-0.2
-0.2—-0.0
0.0-0.2
0.2-0.4
0.4-0.6
0.6-0.8

（一）MIKE NET绘制的管网服务水压分布图

图 E-3　管网服务水压分布图

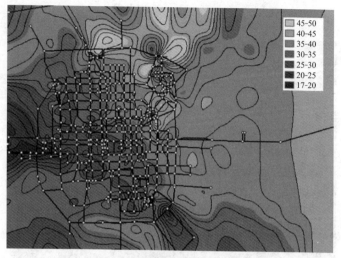

图 E-3　管网服务水压分布图（续）

5. 结果讨论

两款软件模拟计算管网节点水压值的结果如表 E-1 所示。绘制的等水压线图如图 E-3 所示。表 E-1 的计算结果表明，在管网模型参数输入完全相同的条件下，两款软件的计算结果完全相同。从图 E-3 可以看出，两款软件绘制的等水压线图中的压力分布也基本相同。

由此可见，NetGIS 的计算结果是可靠的。该建模软件基本实现了与 GIS 的无缝结合，即可以在地理信息平台下进行管网数据的输入和输出，并依据这些数据对管网模型进行水力计算分析。在绘制等压线图形方面，表现突出。比较图 E-3（一）与（二）的两幅图形，可以看出，NetGIS 绘制出的管网服务水压分布图更为细致，曲线也更加圆滑。应该说，此款软件的开发程度，对于本研究已经能够胜任了，若要把它最终发展成为能够与国内外知名软件比肩的专家级管网建模平台，还有很长的路要走，需要继续拓展完善。

6. 结论

供水管网分区管理，可以提高对现有管网的理解、降低管网的漏失率、改善水质和提高管理水平。管网分区改造需要模拟模型来评估分区改造前后的管网运行状况。为此目的，本文建立了水力模型。模型被用来模拟某城市供水管网分区前后管网节点的压力分布情况。

模拟结果与用丹麦水力研究所 MIKE NET 模拟获得的结果进行比较。比较结果显示，在管网模型参数输入完全相同的条件下，两款软件的计算结果完全相同；等水压线图中的压力分布也基本相同。而 NetGIS 在绘制等压线图形方面，表现得更为细致。

附录 F　分区计量与水质监测

1. 水质监测的概念

水质监测（WQM，Water Quality Monitoring）是监视和测定水体中污染物的种类、各类污染物的浓度及变化趋势，评价水质状况的过程。主要监测项目可分为两大类：一类是反映水质状况的综合指标，如温度、色度、浊度、pH 值、电导率、悬浮物、溶解氧、化学需氧量和生物需氧量等；另一类是一些有毒物质，如酚、氰、砷、铅、铬、镉、汞和有机农药等。

生活饮用水生产的每一个环节，都必须实行严格的质量控制，然后输送到供水管网中。但是，这并不能说明输送到用户的生活饮用水就能保证完全符合饮用水卫生标准，因为生活饮用水作为一种特殊的商品，它具有自身的几个特点。生活饮用水出厂后由供水管网输送的过程是不可逆的，生活饮用水是一种不可退换的商品，它将直接从管网水质的好坏中体现出来。

通常来说，经过水厂处理过的出厂水水质都能达到国家所要求的水质标准，但出厂水需要通过复杂庞大的管网系统才能输送到用户，水厂至用户途径的管线长度可达十几公里甚至上百公里，在管网中会发生一系列的物理、化学及生物反应而导致水质下降。水在管网中的滞留时间有时可达 24h 以上，庞大的地下管网就如同一个大型的"反应器"，这就对供水水质的安全问题提出了巨大的挑战。如何确保城市供水的百分百安全，实现全面细致的水质监测是极其必要的手段。用户对水量和水质要求的提高也加大了供水系统的运行难度。

2. 分区计量的实质及影响水质的主要因素

城市供水管网分区计量：供水管网微观动态建模对解决管网现存问题至关重要，但由于管网布局不尽合理，故系统的微观动态建模对改善管网运行的作用十分有限，为此提出了城市给水管网分区的新理念。

国外城市分区供水起步于 20 世纪 80 年代，英国伦敦的给水管网被改造为 16 个区域，日本东京的管网由 50 多个区域组成，大阪的管网有 18 个区域。

(1) 城市供水管网分区概念

供水管网分区对提高供水系统管理水平、提高供水效益、优化管网运行以及减小产销差等具有重要意义。这里的"分区"不同于一般概念上的管网并联或串联分区，而是将现有的管网系统改造为若干个区域，实现分区供水，实施区域计量管理。为保证安全用水，各区域之间用应急管道连通。分区后管网的供水管和配水管功能明确，各区域的进水点数目少。

(2) 给水管网分区计量方法

一般应根据管网分区目的来确定分区，整个分区过程可分为以下几部分：管网微观动态模型建立，确定区域系统阶层数，确定区域规模，划定区域边界，设定进水点及区域的大小等。

(3) 分区计量的作用

1) 给水管网系统发展规划。可掌握各个区域的水量，易计算分配水量、布置管道、计算管径等；明确各管道的功能及重要性，便于提出旧管道的改建方案。

2) 控制水压。根据安装在区域边界和区域末梢的仪表数据，调整进水管线上的控制阀，可方便准确地控制压力，均衡管网水压，实现管网低压供水，从而减少漏失量并节省能耗。

3) 控制水质。余氯是管网水质的主要控制指标，通过余氯监测仪可了解区域内余氯含量，通过区域内加氯可均衡管网余氯含量；当管道清洗后恢复使用时可能会导致浊度增加，分区可将其控制在某一区域；当管网受"二次污染"时，易于追查水质变化的原因，减小影响范围。

4) 减小供水产销差。分区计量是管网分区的主要目的，可有效减小供水产销差，提高经济效益。

（4）影响城市供水水质的因素

1）出厂水质是决定水质的主要因素；

2）管道材质的不同，对水质也有不同的影响；

3）管道附属设施和管道设计施工也会影响到水质；

4）管道流速、流量和管网压力不稳也是影响水质的又一原因。

3. 结语

水资源的日益紧张、用户要求的提高、经济意识的加强以及计算机及相关技术的发展，使得传统的给水管网模式及运行方式难以满足要求，而给水管网实施分区计量可从一定程度上缓解矛盾。对城市给水管网进行管网分区，并通过区域性的水质监测来对供水的保障性和安全性做铺垫，才是较有前途的解决问题的根本途径。

附录 G 分区计量与营收管理

1. 分区计量

随着社会的快速发展，通过建立供水管网 DMA，可掌握供水状况，及时发现漏水发生的区域，及时检测维修，从而降低供水企业供水运营中的经营管理风险，提升供水系统管理水平，降低管网漏失率，提高供水效益。

分区计量管理是通过监测设备、边界阀门等管道设施建立封闭的供水区域（简称 DMA），流入或流出 DMA 的水量可以计量。采用流量对 DMA 区域进行漏损评估，指导漏水检测人员进行主动检漏，提高检漏效率。

2. 营收管理系统

供水公司营业收费管理系统是针对水费营业管理而设计的软件系统，它完整地覆盖了供水公司营业的全部过程，包括用户档案、抄表、收费、开票、报表查询、图表分析和系统管理等功能。支持多种抄表方式、支持多种计算水费方式、支持多种收费方式。

（1）系统结构（图 G-1）

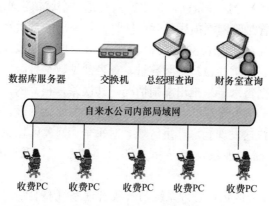

图 G-1 营收管理系统结构

（2）系统主要功能

1）前台窗口收费（图 G-2）

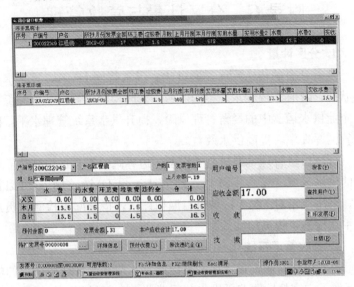

图 G-2　前台窗口实例

2）后台发票打印（图 G-3）

3. 分区定量管理与营收管理整合

在 DMA 分区计量前，供水产销差是一个城镇供水系统的总概念，不管是管网漏损还是营业抄收，反映出的是供水公司整体状态，要确定某个地区管网漏损的大小，只能根据该地区的管网新旧程度、每年的检漏修漏数量、查表抄见数等推测出合理用水量，再根据售水量来推出漏损情况，其误差是很大的。

实施 DMA 管理可以对供水管网进行精细化管理，通过夜间最小流量快速发现漏水严重区域，对每个 DMA 区域也可以发现新发生的漏水现象，指导相关部门快速反应，及时解决漏水问题。

DMA 分区定量管理系统与营收管理系统整合后，可调用营收管理系统某个 DMA 区域所有用户的用水量，与该 DMA 区域

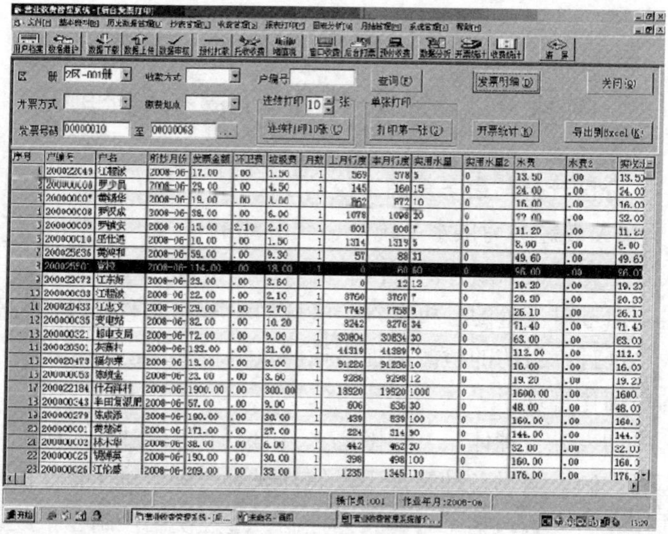

图 G-3　后台窗口实例

纯进水量比较，可计算该 DMA 区域的产销差，从而可快速发现漏损。在快速定位和维修后，缩短了漏水持续时间，减少漏水量，降低了产销差，提高有效供水。

总之，分区定量管理不仅可以降低漏损，还可以提高售水收入，降低产销差，提高经济效益。供水公司的经济效益是保证供水企业能持续稳定安全供水的重要保障，所以企业在降低制水成本、保证水费回收同时，都非常重视降低产销差，并视为提高企业经济效益的重要手段。

附录 H 分区计量与表务管理

1. 分区计量与表务管理系统的定义

DMA 被定义为供水系统中一个分离的区域，通常由阀门形成或者是完全可以断开的管网。流入或流出这一区域的水量可以计量。通过对流量的分析来判定区域的泄漏的水平。指导漏水检测人员进行有目的的检测，提高检测效率和效果，实现对供水管网的精细化管理。

所谓表务管理体系，即围绕水表的整个生命过程所做的一系列程序控制，通过各种管理手段使其规范、科学地在企业内部发挥作用。它大致包括了采购仓储控制、过程使用控制、报废处理控制等各项步骤控制。通过整个表务管理体系，既可以跟踪观测每个水表从采购到使用、报废处理的整个生命过程，又可以清晰记录每个水表整个生命过程中的各个时间点的状态和行为。从动态到静态，从程序控制到数据采集，贯穿了供水企业的整个日常运营工作，决定了表务管理体系的系统性。一套合理有效的表务管理体系，能加强部门管理水平，提升职工业务水平，提高水费回收率，降低产销差率，改善企业经济效益；能规范操作流程，加强服务的透明度，更好地促进行风建设，提升企业社会效益。

2. 分区定量管理与表务管理系统的整合

分区定量管理的主要目的是通过对供水管网进行精细化管理，及时发现供水管网的薄弱环节，快速发现漏水严重区域以及区域新发生的漏水现象，通过夜间最小流量判断区域是否存在泄漏以及是否发生了新的泄漏，指导相关部门快速反应，及时解决漏水问题，达到快速发现、快速定位和及时维修的目的，缩短漏水持续时间，减少泄漏量，降低产销差。

表务管理系统的目的是保证水表运行的安全，优化水表的使用，降低水量的损失，并通过对库存量，应用水表的实际情况，控制企业资金的合理利用。

具体措施是：

（1）为每一块水表都建立档案，确保每一块水表都是通过国家鉴定的合格水表，使用者可以清楚地知道水表的安装时间和安装位置等详细资料；

（2）通过科学的换表安排，避免超期服役，保障水表计量准确；

（3）详细地记录了水表的生命周期。表务系统中对每一块水表都建立了详细的跟踪档案，每次检定、拆换都会在档案里有详细的记录，这样我们再也不会无法面对客户的询问，可以轻松地拿出跟踪日志向用户解释；

（4）根据历史数据为水表选型给出建议，提高水表计量的准确度。

分区定量管理实现了对管网的精细化管理，其主要目的是节能降耗。表务管理系统的最终目的也是通过对水表的科学管理，完善用水计量普遍性和准确性，通过减少计量误差和无计量用水。这两个系统的目的都是在完善供水企业的管理制度，降低供水管网的漏损率。这两个系统所采集和分析的数据主要都是流量数据，分区计量是通过边界计量监测各个分区的供水量和该区域的夜间最小流量来评估该区域的漏损率和物理漏失，而区域内的售水量数据恰恰是水表计量的数据，这些数据的准确性和归属性都会影响到分区计量的评估结果，甚至会造成错误的判断。

众所周知，管网漏损主要由 3 部分组成，无计量有效用水，管网的账面漏失（计量误差、偷水和人情水等）和管网的物理漏失。通过分区定量管理可准确地评估出区域的物理漏失量和账面漏失的比例，表务管理能够更准确地分析出账面漏失发生在哪里，并提供解决措施。

3. 整合后的好处

DMA 定量管理和表务管理整合的结果是能够提高两个系统

中数据的准确性和一致性；

DMA 分区计量为表务管理提供了实现精细化表务管理的基础，完善的表务管理系统为 DMA 分区定量管理提供翔实的用户信息和准确的用水数据。提高了漏损评估的准确性；

优化企业资源，充分利用管网上现有资源，减少新的投入。在实施 DMA 分区定量管理中要充分利用管网上现有的计量设施，尽量将现有的各级计量表都能作为各个区域的边界计量表，减少二次投入和资源浪费。

附录 I 分区计量与行政区块化

何谓分区计量（以下简称 DMA），何谓行政区块化，它们二者的概念、原理、目的有什么不同和关联，从以下三方面来讨论。

1. 分区计量的概念及其管理目的

在前面已经提到过国外城市管网区域化管理起步较早。DMA 管理的概念于 1980 年年初在英国水行业的一份报告中首次提出，即英国水务联合会 1980 年的报告"泄漏控制策略和实践"。在这份报告中，DMA 被定义为供水系统中一个分离的区域，通常由阀门形成或者是完全可以断开的管网。流入或流出这一区域的水量可以计量。通过对流量的分析来判定泄漏的水平。这样检漏人员就可以更准确地决定何时何处检漏更为有利。在过去的 30 多年中，它在全世界供水管网的应用均是如此。但是，对 DMA 管理，我们要谨慎理解，不要把它当作快速修复的工具，而是一个让泄漏管理更有效的工具，它的成功应用需要强有力的管理和相应的人力资源。

（1）DMA 是一个常设的泄漏控制系统，把供水管网分隔成为一定数量的相对独立的区域，即 DMA（District Metered Area），以便对每一个区域的泄漏进行定量分析，对流入该区域的流量进行在线监测，这样就可以始终把检漏重点放在泄漏最严重的区域。

（2）国内早在 20 世纪后期就有不少专家，比如宋仁元、沈大年、宋序彤以及姚水根先生、赵洪宾教授、刘遂庆教授就提出了类似概念。那时起就开始研究和实施区域装表法或管网分区法，比如上海、北京、杭州等地方；但是总体国内情况进展缓慢。近年来我国不少水务集团（比如深圳、广州、成都、重庆等）和自来水公司在吸取了国内外相关水司实施 DMA 的经验和流程的基础上，在总结自身水务公司的经验和教训后，提出有关实现我国供水管网分区定量管理的总体思路以及配套的运营管理流程、管理结构与之相应的考核体系等有关问题。

（3）实施供水管网分区定量管理的目的在于主动、科学、实时地进行管网运行管理、定量控制漏损，降低产销差，提高经济效益，实现低碳环保。在 DMA 实施过程中应用物联网技术，通过使用探测、检测、监测和控制技术，对管网进行智能化识别、定位、跟踪和监管，从而实现"信息采集、信息传输、信息分析、信息应用"，达到四预，即预防、预报、预警、预处置的目的，改变原来总是事故后处置被动局面，以保障安全运营，极大提高经济效益。

（4）DMA 和压力分区。

DMA 是一种快速降低漏损的技术方法，也是一种主动的、稳定地、持续地、长久地监控漏损水平的管理方法，简而言之，DMA 是一种供水系统，从水源地出发到用户水龙头终点的对水资源保护和充分利用的管理系统，它的出现引入了新的管理理念以及新的运营管理。

流量分区即是我们通常说的 DMA，是通过流量监测评估区域的漏损情况，通过流量的变化快速发现区域内新发生的漏损，从而做到快速发现、快速定位和维修、缩短漏水持续时间、降低总的漏水量的目的。而压力分区管理，其前提是在进行分区的过程中，由于地形因素或用户对压力的需求不同，需要较高的供水压力，而高压带来的结果是在同等破损的情况下会带来更大的漏水量，对于这些区域，除了进行流量分区外，还有必要根据不同的用户需求进行压力区域的划分，通过压力控制达到降低漏损的目的。一般来说，在漏损控制中，压力分区是对流量分区的完善和补充。

2. 行政区块化的概念和目的

行政区块化是自来水公司为了有效管理资源、管理任务、管理目标进行的地理行政分级管理。

行政区块化的分区对象是地域、地理位置，以地理边界为划分依据，目的为了行政管理，与管网分区管理有本质上的区别，因为，分区计量的分区对象是地下管网。其分区目的不同。

行政区块化的特点比较直观和简单，而且易于理解，也是我们已经习以为常的概念。

一般说来，大而言之，行政区划是以在不同区域内，为全面实现地方国家机构能顺利实现各种职能而建立的不同级别政权机构作为标志。行政区划的层级与一个国家的中央地方关系模式、国土面积的大小、政府与公众的关系状况等因素有关。

3. DMA 和行政区块化的区别和关联

在"分区定量管理理论与实践"中，这两种概念及其应用的目的既有区别，但又有联系，而且在一定具体情况下又有统一。

根据我国供水系统的规模，DMA 的实施规模和划分级数也不尽一样。比如在县一级水司，日供水量在五万 t 以下的，一般来说，建立一级分区计量就可以了，但是供水量比较大的自来水公司或者地市级以上建制的供水系统，包括省会城市的供水管网的分区计量及其管理层级数则应该相应地扩大和提高。比如地市级一般起码在两级分区和两级管理，甚至规模大的可能达到三级；省会城市起码是三级，甚至四级、五级。DMA 层级数量和供水规模和管网长度有关系。

一般来说，在两级或两级以上分区定量管理中，第一级或者说顶级计量分区以行政区域划分为 DMA 划分依据，但是这样的行政区块要注意该行政边界的划分是否满足以下原则：

（1）因为分区计量设计对整个项目的成功和公司长期的运行效率是十分关键的，因此，只要有可能，应选择自然边界（江河，溪流，铁路等）以减少需要关闭的阀门数量。

（2）在本书的"2.3 建立分区确定边界"一节中，有一段叙述"小型的城镇和郊区供水管网一般容易建立 DMA，因而不必分区"就是这个道理，能把行政区块和计量分区互相兼容一致起来是最佳的，因为我们的目的是管理节约水资源。

（3）该行政区域对应的供水管网计量分区是否构成了相对独立的供水区域，如果出现矛盾，以经济效益为首要目标，其次考虑管理的要素来确定，是以行政区块化为主体按照分区计量要求作微调，还是以分区计量为主体重新构建新的行政管理区块化。

综上所述，DMA 分区和行政分区的管理对象和分区目的截然不同。我们在对管网进行 DMA 分区时，注意不能简单地按照行政区域进行划分，它一般只在一级或大的 DMA 分区时作为参考。因此，对管网进行 DMA 分区，应当是在充分了解管网结构的前提下，遵循节省投资、管理清晰、尽量优化水力条件等原则。

参 考 文 献

[1] John Morrison，Stephen Tooms，Dewi Rogers. DMA Management Guidance Notes. International Water Association. 2007

[2] 中华人民共和国行业标准. 城市供水管网漏损控制及评定标准. CJJ 92—2002

[3] 郑小明，赵洪宾，等. 管网区块化理念在上海市奉贤区集约化供水中的实践. 中国给水排水. 2010，(10)

[4] 洪觉民，姚水根，等. 杭州市自来水管网检漏技术方法的研究. 杭州. 1997

[5] 周玉文，等. 供水管网分区数学模拟. 北京工业大学建筑工程学院. 2010，(10)

[6] 侯煜堃，等. 无收益水量管理手册. 上海：同济大学出版社，2011

[7] 李树森. 供水管网分区计量在降低供水产销差中的应用. 供水技术. 2009，(6)